한 권으로 끝내는

초등 수학

한 권으로 끝내는

초등 수학–도형

ⓒ 김용희, 2016

초판 1쇄 인쇄일 2016년 8월 2일
초판 1쇄 발행일 2016년 8월 10일

지은이 김용희
펴낸이 김지영 **펴낸곳** 작은책방
제작 · 관리 김동영 **마케팅** 조명구

출판등록 2001년 7월 3일 제2005-000022호
주소 04047 서울시 마포구 어울마당로 5길 25-10 유카리스티아빌딩 3층
전화 (02)2648-7224 **팩스** (02)2654-7696

ISBN 978-89-5979-465-2 (64410)
     978-89-5979-466-9 (SET)

한 권으로 끝내는

초등 수학

김용희 지음

도형

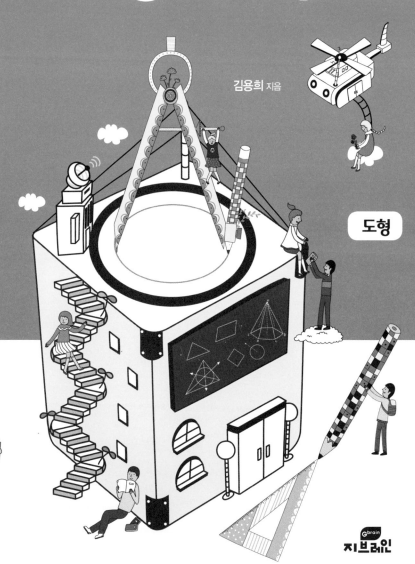

지브레인

작가의 말

　미래 사회는 컴퓨터와 인공지능의 시대가 될 것이라고 합니다. 그래서 컴퓨터 언어로 프로그램을 만드는 코딩 교육의 중요성이 대두되고 있습니다. 코딩 교육의 중심은 컴퓨터를 잘 하는 사람을 만드는 것이 아니라 컴퓨터식으로 생각하는 것을 가르치는 것입니다. 이스라엘에서는 1992년에 컴퓨터과학이 정규과목에 편성되었고 미국에서도 2013년에 '아워 오브 코드'라는 캠페인을 벌였습니다. 일본도 2년 전부터 코딩 교육을 시작했고 우리나라도 2017년부터 코딩 교육을 시작한다고 합니다. 아무래도 우리의 생활환경이 IT와 뗄 수 없게 되었기 때문이지요. 코딩 교육은 논리적 사고, 알고리즘에 대한 이해, 데이터를 모아서 조작하는 능력 등을 키울 수 있도록 해줍니다. 그리고 이러한 능력을 키우기 위해 가장 기본이 되는 것이 바로 수학입니다.

　수학은 논리적인 사고와 추리력, 분석력을 키워주기 때문에 수학적 기초가 탄탄하면 컴퓨터, 생명공학, 첨단기술 등 여러 분야로 응용해나갈 수 있어요.

　그래서 초등학교 때 수학을 기초부터 탄탄히 알고 이해해 나가는 것이 아주 중요해요. 도형은 인류의 실생활과 가장 밀접한 수학분야로 수학의 기초라고 할 수 있어요.

　《한 권으로 끝내는 초등 수학―도형》은 초등학교 수학을 단계별로 학습할 수 있도록 도형에 대한 여러 개념과 성질을 정리해 놓았어요. 다양한 그림과 단계별 설명으로 학습할 내용을 쉽게 전달하려고 최대한 노력한 만큼 이 책을 읽으면서 수학에서 기초가 되는 도형에 대한 기본 원리를 이해하고 응용할 수 있었으면 합니다. 또한 꼭 필요한 문제만 소개하면서 학생 스스로가 예제를 풀며 자신감을 가질 수 있도록 구성했습니다.

　초등학교에서 학습하는 수학 영역에 대한 이해를 바탕으로 책을 구성한 만큼 중등, 고등과정의 수학까지 좀 더 수월하게 접할 수 있기를 바랍니다.

2016년 7월 김용희

차례

1. 단위와 비

2 도형

1

단위와 비

단위

단위는 무엇일까요?

　키가 크고 악명 높았던 잭 스패로우 선장의 보물지도를 갖게 된 준규는 드디어 마지막 힌트인 '커다란 소나무에서 남동쪽으로 열 걸음, 다시 오른쪽으로 다섯 걸음'을 가서 그 땅을 파 보았어요. 그런데 아무리 파도 보물은 나오지 않았어요. 무엇이 잘못되었을까요?

보물지도에 쓰인 대로 찾았는데 왜 보물이 없었을까요?

걸음의 기준이 다르다고요? 맞아요. 키가 큰 잭 스패로우 선장의 열 걸음과 준규의 열 걸음이 같을 수가 없어요. 준규가 보물의 위치를 제대로 알려면 잭 스패로우 선장의 한 걸음 길이를 정확하게 알아야 해요.

이처럼 어떤 길이를 재는 데 기준이 되는 길이를 **단위 길이**라고 해요. 길이나 거리를 제대로 알려면 모두에게 같은 단위 길이가 필요해요.

옛날에는 단위 길이를 손뼘이나 임금님의 팔 길이 등으로 했어요. 그러다 보니 사람마다 단위 길이가 달라져서 혼란스러워졌어요. 손이 큰 사람과 손이 작은 사람이 같은 손뼘 개수로 물건을 재서 거래를 하면 한쪽은 꼭 손해를 보게 되니까요. 길이만이 아니라 무게나 넓이도 마찬가지였어요. 곡식이나 소금을 거래할 때도 각 동네마다 다른 크기의 그릇을 사용했어요. 서로 사용하는 크기가 다르면 누군가는 손해를 보게 돼요. 또 인구가 늘고 여러 나라가 서로 교류하게 되면서 점점 모두 쓸 수 있는 정확한 기준이 필요하게 되었어요.

이러한 길이, 무게, 넓이 등을 수치로 나타낼 때 쓰이는 기준을 **단위**라고 해요.

교통이 발달하고 여러 나라가 서로 활발하게 교류하게 되면서 단위를 통일해야 할 필요가 커졌어요. 18세기 말 프랑스 혁명 때 탈레랑이 단위를 통일하자는 의견을 내었어요. 그때 만들어진 것이 **미터법**이에요. 미터법은 m를 길이의 단위로 하는 단위법이에요.

처음 만들어질 당시에는 1m를 '지구의 북극에서 적도까지의 자오선의 길이의 1000만분의 1'로 하기로 했어요.

6년 동안 많은 사람들이 고생하고 몇몇은 목숨을 잃기도 하면서 겨우 그 길이를 재어 1779년에 표준이 되는 1m자를 만들었어요. 하지만 몇 번의 국제회의를 거쳐 1983년부터 1m는 '빛이 진공에서 299,792,458분의 1초 사이에 가는 거리'로 다시 정했어요.

미터법을 만들 때 부피나 넓이의 단위도 다 통일했어요.

보물지도에 열 걸음, 다섯 걸음 대신에 10m, 5m로 표시되었다면 준규는 금방 보물을 찾을 수 있었을 거예요.

보조단위

잭 스패로우 선장의 키를 재어 봅시다.

1m자로 한 번하고 $\frac{4}{5}$가 조금 넘는군요. 1m자로는 정확히 잴 수가 없어요. 기본 단위인 1m보다 작은 단위가 필요해요. 그래서 보조단위를 만들었어요.

보조단위는 1m의 10배 혹은 $\frac{1}{10}$을 기준으로 만들었는데 그중 많이 쓰는 보조단위는 다음과 같아요.

길이의 단위

1km(킬로미터) — 1m×1000 ⇨ 1000m

1mm(밀리미터) — 1m÷1000 ⇨ 0.001m

1cm(센티미터) — 1m÷100 ⇨ 0.01m

잭 스패로우의 키는 다음 눈금과 같아요.

1m는 100cm이니 잭의 키는 100+89=
189cm군요. 1m 89cm라고 적어도 돼요.

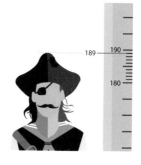

십진법으로 만든 단위이니 덧셈, 뺄
셈, 곱셈, 나눗셈 계산하는 방법도 수
를 계산하는 방법과 같아요.

이번에는 잭의 키와 1m 50cm인
준규의 키를 더해 보아요.

$$
\begin{array}{r}
1\text{m}\ 89\text{cm} \\
+\ 1\text{m}\ 50\text{cm} \\
\hline
1\text{m}\ 39\text{cm} \\
2\text{m} \\
\hline
3\text{m}\ 39\text{cm}
\end{array}
$$

←139cm=89+50

두 사람의 키를 더하니 3m 39cm나 되는군요.
그렇다면 잭과 준규의 키 차이는 얼마인가요?

$$
\begin{array}{r}
1\text{m}\ 89\text{cm} \\
-\ 1\text{m}\ 50\text{cm} \\
\hline
39\text{cm}
\end{array}
$$

39cm 차이가 나는군요.
단위를 바꿔서 계산해도 돼요.

189cm+150cm=339cm   cm로 계산 후 m로 바꿔요.

189cm−150cm=39cm

단위 바꾸는 연습을 해 볼까요?

학교에서 집까지의 거리가 12.5km예요. 이 거리를 m와 cm로 바꿔 보세요.

1km=1000m이므로

12.5km=12500m

1m=100cm이므로

12.5km=12500m=1250000cm가 돼요.

예제 다음 문제를 풀어보아요.

1. 다음 길이를 주어진 단위로 바꾸어 보세요.

   ① 250mm → ☐ cm   ② 1.5km → ☐ m

   ③ 85cm → ☐ km   ④ 380m→ ☐ km

2. 동물들이 이어달리기를 해요. 토끼는 10m를 달렸고 얼룩말은 토끼보다 15배를 더 달렸어요. 치타는 얼룩말보다 500m를 더 달렸다면 이 세 동물이 달린 거리는 모두 몇km인가요?

답 192쪽

![시간 아이콘] 시간

아침에 효주가 집에서 나올 때 본 시계의 시각과 집에 들어올 때
본 시계의 시각은 다음과 같았어요. 효주가 집에서 나온 후 다시
들어올 때까지 몇 시간이 흘렀나요?

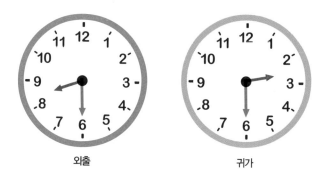

외출   귀가

아침에 본 시계의 시각을 읽어 보아요.

시계의 짧은 바늘은 시를 나타내고 긴 바늘은 분을 나타내요.

짧은 바늘은 하루에 2바퀴를 돌아요. 12까지 2번 도니까 하루
는 24시간이에요.

긴 바늘이 가리키는 작은 눈금 한 칸은 1분을 나타내요. 긴 바늘
이 가리키는 1, 2, 3,…은 5분, 10분, 15분,…을 나타내요. 그래서
긴 바늘이 1바퀴를 돌면 1시간이 지나요. 1시간은 60분이지요.

아침에 본 시계는 짧은 바늘이 8과 9사이에 있으니 8시이고 긴

바늘이 6에 있으니 30분이지요.

집에 들어올 때 시각을 읽어 보아요.

2와 3 사이에 짧은 바늘이 있으니 2시이고 6에 긴 바늘이 있으니 30분이에요.

시간의 덧셈과 뺄셈

그럼 아침 8시 30분에서 오후 2시 30분까지는 몇 시간이 지난 것일까요?

시간의 덧셈을 하려면 먼저 시간의 단위를 알아야 해요.

시간의 단위는 시, 분, 초가 있어요.

시계에 있는 초바늘이 작은 눈금 한 칸을 지나는데 걸리는 시간을 1초라고 해요. 초바늘이 한 바퀴 도는 데 걸리는 시간은 60초예요.

지구가 하루 한 바퀴 도는 걸 기준으로 하루는 24시간, 1시간은 60분, 1분은 60초로 약속했어요.

몇 시간이 지났는지 알려면 시간의 덧셈, 뺄셈을 알아야 해요.

시간의 덧셈, 뺄셈을 할 때에는 시는 시끼리, 분은 분끼리, 초는 초끼리 계산해줘요. 분이나 초는 60진법으로 되어 있으니 계산한 값이 60이 넘으면 초는 분으로, 분은 시로 받아올림해요. 뺄 때도 마찬가지예요. 시는 시끼리, 분은 분끼리, 초는 초끼리 계산해요.
만약 분이나 초에서 뺄 수 없을 때는 초는 분에서, 분은 시에서 60
을 받아내림해야 해요. 60으로 받아올림, 받아내림 하는 것을 헷
갈리지 않으면 계산은 쉬워요.

　그럼 오후 2시 30분에서 오전 8시 30분을 빼 보아요.

　오후 2시는 12시보다 2시간이 더 지난 시간이므로 14시와 같
아요.

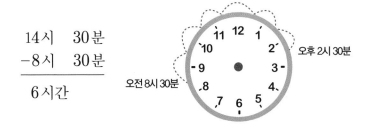

$$
\begin{array}{r}
14시 \quad 30분 \\
-8시 \quad 30분 \\
\hline
6시간
\end{array}
$$

오후 2시 30분
오전 8시 30분

효주가 밖에서 보낸 시간은 6시간이에요.

　효주가 오후 4시 15분에 학원에 갔어요. 효주가 집에서 쉰 시간
은 얼마인가요?

$$
\begin{array}{r}
4시 \quad 15분 \\
-2시 \quad 30분 \\
\hline
45분 \\
\end{array}
$$

15−30을 할 수 없으므로 앞에서
60분을 받아내림 해요.

45분 ← 60+15−30

3−2 ➝ 1시

1시간 45분

효주가 집에서 쉰 시간은 1시간 45분이에요. 왜 1시 45분이라고 안 하냐고요? 그거야 시간과 시각은 달라서죠. 시간은 몇 시부터 몇 시라는 기간을 나타내고 시각은 몇 시 몇 분 몇 초라는 그 순간을 나타내요.

$$시각 - 시각 = 시간$$
$$시각 + 시간 = 시각$$
$$시각 - 시간 = 시각$$

4시 30분부터 시작한 수업은 1시간 50분이 지나서 끝났어요. 수업을 마친 시각은 언제인가요?

$$
\begin{array}{r}
4시 \quad 30분 \\
+1시간 \ 50분 \\
\hline
1시간 \ 20분 \quad \leftarrow 30+50=80=60+20 \\
4+1 \rightarrow 5시 \\
\hline
6시 \quad 20분
\end{array}
$$

수업을 마친 시각은 6시 20분이에요.

그럼 이제 초까지 계산해 보아요.

성주는 2시 23분 45초에 수업이 끝나자 친구들과 축구를 하며 놀았어요. 그리고 시간을 보니 1시간 45분 30초가 지나 있었어요. 축구를 마친 시각은 몇 시인가요?

$$\begin{array}{r}
\overset{1}{2}\text{시} \quad \overset{1}{2}3\text{분 }45\text{초} \\
+\,1\text{시간 }45\text{분 }30\text{초} \\
\hline
4\text{시} \quad 9\text{분 }15\text{초}
\end{array}$$

← 75초이므로 1분 받아올림

69분이므로 1시간 받아올림

축구하다 보니 벌써 4시 9분 15초가 되었네요.

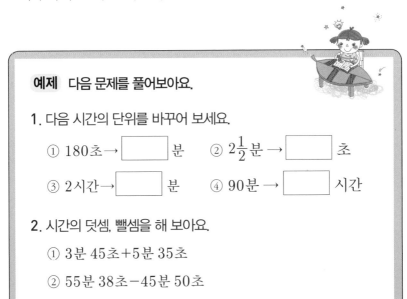

예제 다음 문제를 풀어보아요.

1. 다음 시간의 단위를 바꾸어 보세요.

① 180초 → ☐ 분   ② $2\frac{1}{2}$ 분 → ☐ 초

③ 2시간 → ☐ 분   ④ 90분 → ☐ 시간

2. 시간의 덧셈, 뺄셈을 해 보아요.

① 3분 45초 + 5분 35초

② 55분 38초 − 45분 50초

답 192쪽

달력

하은이 생일은 4월 12일입니다. 오늘이 3월 5일 금요일이라면 하은이 생일은 무슨 요일일까요?

달력을 살펴보아요.

3월

일요일	월요일	화요일	수요일	목요일	금요일	토요일
	1	2	3	4	5	6
7	8	9	10	11	12	13
14	15	16	17	18	19	20
21	22	23	24	25	26	27
28	29	30	31			

3월 5일이 금요일이면 다음 금요일은 언제인가요?

요일은 일요일, 월요일, 화요일, 수요일, 목요일, 금요일, 토요일이 7일마다 반복돼요. 그래서 같은 요일이 되려면 7씩 더해 줘야 해요. 3월에 금요일인 날이 5일, 12일, 19일, 26일이네요. 그리고 26일에 7일을 더하면 33일이죠. 하지만 3월은 31일까지밖에 없으므로 4월 2일이 금요일이에요. 다시 7을 더하면 9일이 금요일이죠. 12일은 9일보다 3일 후이므로 월요일이 되네요. 그래서 하은이의 생일은 월요일이랍니다.

달력을 보니 30일인 달도 있고 31일인 달도 있어요. 1년은 12달 365일이고요. 달마다 날수가 왜 다를까요? 왜 1년은 365일일까요?

1년은 지구가 태양을 한 바퀴 도는 데는 걸리는 시간을 말해요. 지구가 태양 주위를 한 바퀴 도는 데 365일 5시간 48분 46초가 걸려요. 그래서 1년을 365일이라고 해요.

하지만 문제가 있어요. 1년마다 5시간 48분 46초씩 남게 되었어요.

5시간 48분 46초씩 늘어나다 보면 4년이 지나면 거의 하루가 더 생기게 돼요. 그래서 4년마다 하루가 늘어나 4년째는 1년이 366일이 돼요. 계속 이렇게 늘어나다 보면 달력의 날짜와 계절이 달라지게 되어 버려요. 그래서 4년에 한번씩 달력에 하루를 더해 주었어요. 4년마다 2월이 29일이 되는 이유랍니다. 이 해를 윤년이라고 하고 이렇게 만들어진 달력을 율리우스 카이사르가 만들었기 때문에 율리우스력이라고 해요.

5시간 48분 46초×4=23시간 15분 4초이기 때문에 44분 56초가 부족해요. 4년마다 1일씩 늘린 율리우스력을 사용하다 보니 400년이 지난 후에 실제 날짜보다 3일이 더 늘어나 버렸어요. 그래서 1582년 그레고리우스 13세가 400년 동안 늘어난 3일을 줄여서 평년으로 만들었어요. 이것을 그레고리우스력이라고 하는데 지금 우리나라에서 사용하는 달력이에요.

　아, 그런데 왜 30일인 달이 있고 31일인 달이 있냐고요? 1년이 365.25일이기 때문이에요. 12달로 나누면 360일 하고 나머지가 5.25일이 남게 돼요. 그래서 여섯 달에 1일씩을 더한 거예요. 율리우스는 홀수달은 31일, 짝수달은 30일, 그리고 2월은 29일로 정한 뒤 윤년에만 2월을 30일로 만들었어요. 그런데 자신의 생일인 8월이 30일인 게 불만인 아우구스투스 황제가 8월에 자신의 이름을 붙이고 31일로 늘리면서 8월부터 짝수달이 31일로 바뀌게 되었어요. 그러다 보니 31일인 달이 7달이 되면서 하루가 부족하게 되어 2월이 28일로 하루가 더 짧아지게 된 것이랍니다.

맛있는 주스가 나오는 꼭지가 달린 네모난 통이 있어요. 주스를 한 칸 채우는 데 걸리는 시간은 1분이에요. 그림과 같이 칸막이를 하고 4분간 꼭지를 열어 놓았다면 주스는 어디까지 찰까요? 색칠해 보세요.

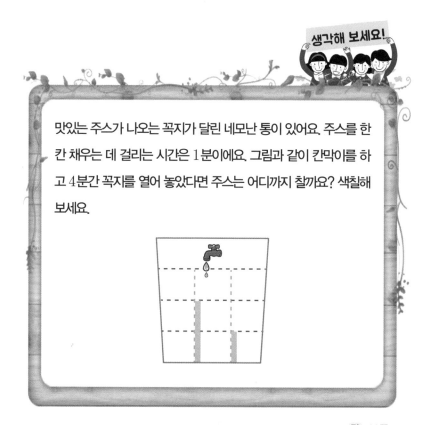

답 192쪽

엄마가 원웅이와 원주에게 우유를 나누어 주었어요. 그런데 원웅이의 우유가 더 많다면서 원주가 자꾸 바꿔달라고 해요. 똑같은 크기의 컵이 없을 때 어떻게 하면 둘에게 똑같이 나누어줄 수 있을까요?

이럴 때는 작은 크기의 컵에 우유를 담아서 같은 횟수로 크기가 다른 두 컵에 부으면 돼요.

어느 모양의 컵에 더 많이 들어가는지 알고 싶다면 작은 크기의 컵으로 몇 번 넣으면 가득 차는지를 비교하면 돼요.

이렇게 들이를 비교하기 위한 단위도 있어요. 슈퍼에서 우유를 사면 500mL라든가 1L라고 쓰여 있어요. 바로 들이 단위에요. 들이 단위의 기준은 1L로 정했어요.

```
┌──────── 들이의 단위 ────────┐

        1L(리터) = 1000mL

     1kL (킬로리터) = 1000L

    1mL(밀리리터) = 0.001L

└────────────────────────────┘
```

보통 100mL들이 컵으로 10번을 부으면 1L가 돼요.

우리 옛말에 '되로 주고 말로 받는다'라는 말이 있지요? 이 말은 무슨 뜻일까요? 여기서 되와 말은 우리 조상들이 사용했던 들이의 단위에요.

시장에 가 보면 나무로 된 네모난 그릇에 쌀이나 곡식을 담아서 팔아요. 이 그릇의 크기별로 단위가 달라져요.

리터 단위로 바꿔 보면 다음과 같아요.

> 1되＝약1L 800mL
>
> 1말＝약18L
>
> 1홉＝약180mL
>
> 1작＝약18mL

옛날에는 나라마다 이렇게 다른 들이 단위를 썼지만 지금은 L로 통일해서 사용해요. 물론 아직도 다른 단위를 사용하는 나라도 있어요.

들이의 덧셈과 뺄셈

다음 물의 눈금을 읽어 보세요.

500mL의 물이 들어 있군요. L로 고치면 0.5L의 양이지요.
여기에 800mL의 물을 더 부으면 몇 L가 될까요?

$$500mL + 800mL = 1300mL \rightarrow 1.3L$$

들이의 덧셈도 수의 계산과 같아요. 1000mL를 1L로 받아올림
하거나 1L를 1000mL로 받아내림하여 덧셈이나 뺄셈으로 계산
하면 돼요.

성주는 친구들과 함께 액체괴물을 만들기 위해 물풀 1L 200mL
를 준비했어요. 그런데 만들다 보니 부족해서 900mL를 더 사왔
어요. 액체괴물을 만들기 위해 들어간 물풀의 양은 모두 얼마인
가요?

$$
\begin{array}{r}
\overset{1}{1}\text{L } 200\text{mL} \\
+ \quad\quad 900\text{mL} \\
\hline
200+900 \;\rightarrow\; 1100\text{mL}
\end{array}
\quad\Rightarrow\quad
\begin{array}{r}
1\text{L } 200\text{mL} \\
+ \quad\quad 900\text{mL} \\
\hline
2\text{L } 100\text{mL}
\end{array}
$$

들이의 뺄셈도 해볼까요?

$$
\begin{array}{r}
3\text{L } 450\text{mL} \\
- 1\text{L } 800\text{mL} \\
\hline
\end{array}
\;\Rightarrow\;
\begin{array}{r}
\overset{2}{3}\,\overset{1000}{}\text{L } 450\text{mL} \\
- 1\text{L } 800\text{mL} \\
\hline
650\text{mL}
\end{array}
\;\Rightarrow\;
\begin{array}{r}
3\text{L } 450\text{mL} \\
- 1\text{L } 800\text{mL} \\
\hline
1\text{L } 650\text{mL}
\end{array}
$$

L끼리, mL끼리 계산하면서 받아올림이나 받아내림을 해 주면 돼요.

예제 다음 문제를 풀어보아요.

1. 다음 들이의 단위를 바꿔 보세요.

　① 2L 300mL → mL　　　② 1200mL → L

2. 들이의 덧셈과 뺄셈을 계산해 보세요.

　① 3L 800mL + 2L 650mL　② 4L - 2L 750mL

답 193쪽

이집트 나일강 유역의 땅은 농사가 잘 되는 비옥한 땅이에요. 파라오는 이 땅을 경작하는 백성들에게 세금을 받으려고 해요. 땅의 크기가 다 다른 데 어떻게 하면 세금을 공평하게 걷을 수 있을까요? 파라오는 신하들에게 방법을 찾으라고 시켰어요.

신하들은 어떤 방법을 찾았을까요?

신하들이 찾은 방법은 농사 짓는 땅의 크기에 따라 세금을 매기는 거였어요. 그런데 땅의 크기를 어떻게 비교해야 할까요? 이때 사용하는 개념이 넓이에요. 넓이를 이용하면 어느 땅이 더 큰지 비교할 수 있어요. 가로 세로 길이가 길수록 땅은 더 커지니까요.

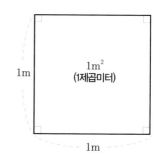

땅의 크기를 비교하려면 기준이 되는 단위넓이가 있어야 해요. 한 변이 1m인 정사각형의 넓이는 1m×1m=1m²(제곱미터)로 약속했어요.

측정하려는 땅에 1m²인 정사각형이 몇 개나 들어가는지를 비교하여 땅의 크기를 알아보아요.

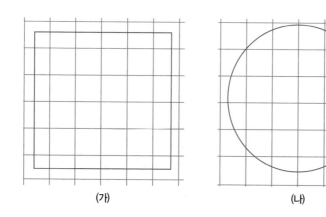

(가)   (나)

(가)와 (나)의 크기를 비교해 보아요.

(가)가 (나)보다 더 커요. 같은 크기의 사각형이 얼마나 들어가는

지를 세어 보면 바로 크기를 비교할 수 있어요.

이번에는 가로 4m, 세로 3m인 직사각형의 넓이를 구해 보아요.

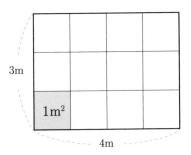

1m²인 정사각형이 몇 개나 들어가나요? 12개가 들어가는군요. 가로가 4m, 세로가 3m일 때, 12개이면 가로와 세로를 곱한 값과 같아요.

4m×3m=12m² 즉 1m²가 12개라는 소리지요.

직사각형의 넓이＝가로의 길이×세로의 길이

미터×미터라서 제곱미터가 단위가 돼요. 미터×미터×미터는 세제곱미터라고 해요.

그럼 5cm×5cm를 계산해 보아요.

$$5cm \times 5cm = 25cm^2$$

25제곱센티미터가 돼요.

넓이의 단위에도 보조단위가 있어요.

1m² (제곱미터)	=	1m×1m	한 변이 1m인 정사각형의 넓이
1a (아르)	=	10m×10m =100m²	한 변이 10m인 정사각형의 넓이
1ha (헥타르)	=	100m×100m =10000m²	한 변이 100m인 정사각형의 넓이
1km² (제곱킬로미터)	=	1km×1km	한 변이 1km인 정사각형의 넓이
1cm² (제곱센티미터)	=	1cm×1cm	한 변이 1cm인 정사각형의 넓이
1mm² (제곱밀리미터)	=	1mm×1mm	한 변이 1mm인 정사각형의 넓이

제곱킬로미터와 헥타르 사이에는 어떤 관계가 있을까요?

$$1\text{km}^2 = 1\text{km} \times 1\text{km} = 1000\text{m} \times 1000\text{m} = 1000000\text{m}^2$$

그리고 $1\text{ha} = 10000\text{m}^2$이지요.

$$1\text{km}^2 = 1000000\text{m}^2 = 100\text{ha}$$

1제곱킬로미터는 100헥타르와 같아요.

넓이 단위 사이 관계를 한번에 정리해 보아요.

```
┌──────────────── 넓이 단위 사이관계 ────────────────┐
│                                                          │
│           100배          100배          100배          │
│   1m²      ⇄      1a      ⇄      1ha      ⇄      1km²  │
│           1/100배         1/100배         1/100배       │
│                                                          │
└──────────────────────────────────────────────────────┘
```

가로 20km, 세로 30km인 (가) 지역의 넓이를 ha로 구해 보아요.

가로 20km×세로 30km=600km²

1km²= 1km×1km=1000m×1000m=1000000m²

600km²=600000000m²

10000m²=1ha이므로 600km²=60000ha

(가) 지역의 넓이는 60000ha가 된답니다.

┌──┐
│ **예제** 다음 문제를 풀어보아요.   │
│   │
│ 1. 다음 넓이를 구해 보세요(주어진 단위로 답을 쓰세요). │
│   ① 가로 5cm×세로 1.5m인 직사각형(cm²)   │
│   ② 가로 420m×세로 2600m인 직사각형(km²)   │
└──┘

답 193쪽

📖 부피

넓이는 평면도형의 크기였다면 입체도형의 크기는 부피라고 해요. 부피는 넓이와 높이를 가진 입체도형이 공간에서 차지하는 크기를 말해요.

부피의 기본단위는 한 변이 1m인 정육면체의 부피인 $1m^3$예요. 즉 가로, 세로, 높이를 곱한 값이지요.

$1m \times 1m \times 1m = 1m^3$(세제곱미터)로 미터를 세 번 곱해서 단위가 세제곱미터가 돼요.

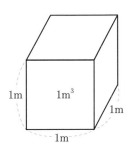

부피가 $1m^3$인 정육면체를 이용하여 가로 2m, 세로 3m, 높이 5m인 직육면체의 부피를 구해 보아요.

부피가 $1m^3$인 정육면체를 넣으면 가로 2개, 세로 3개씩 5층으로 쌓여요. 총 30개가 되지요. 식으로 나타내면 다음과 같아요.

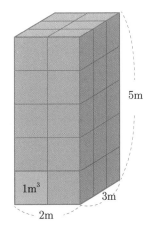

가로 2m×세로 3m×높이 5m = 30m³

직육면체의 부피 = 가로 × 세로 × 높이

부피의 단위에도 보조단위가 있어요.

부피의 단위

1m³(한 변이 1m인 정육면체의 부피)
1km³(한 변이 1km인 정육면체의 부피)
1cm³(한 변이 1cm인 정육면체의 부피)
1mm³(한 변이 1mm인 정육면체의 부피)

세제곱미터와 제곱미터라는 단위는 미터법을 만들 때 함께 만들어졌어요.

1L = 1000cm³라구?

그러면 모양이 일정하지 않은 물체의 부피는 어떻게 알 수 있을까요?

물이 100mL가 담긴 비커에 울퉁불퉁한 돌을 넣어요. 그러면 들어간 돌의 부피만큼 물의 높이가 높아져요. 이 높아진 물의 부피가 바로 돌의 부피예요. 그렇다면 물의 부피는 어떻게 알 수 있을까요? 바로 들이의 단위를 이용해서 알 수 있어요.

그래서 액체의 부피나 모양이 일정하지 않은 물체의 부피를 나타낼 때는 L를 사용해요.

1795년 프랑스 과학원에서 한 모서리의 길이가 10cm인 정육면체의 부피를 1liter로 정했어요. 한 모서리의 길이가 10cm인 정육면체의 부피를 구하면 10cm×10cm×10cm=1000cm³이지요.

1964년 국제회의에서 다시 한번 1L를 '순수한 물 1kg의 부피'로 정의해요. 그때는 1ℓ로 표기하였는데 1979년부터 1L로 표기하게 되었어요. 그리고 이 1L의 $\frac{1}{1000}$을 1mL로 표기하기로 약속해요. 즉 1L=1000mL=1000cm³가 되지요.

그래서 부피의 단위와 들이 단위가 같아지는 일이 생겼어요.

$$1L=1000cm^3$$

$$1mL=\frac{1}{1000}L=1cm^3 \rightarrow 1cc라고도 해요.$$

즉 1000cm³의 정육면체 그릇에 물을 가득 담으면 물의 양이 1L가 되는 것이지요.

예제 다음 문제를 풀어보아요.

1. 가로, 세로, 높이가 각각 다음과 같은 직육면체의 부피를 구하여
   주어진 단위로 나타내세요.

   ① 3m, 4m, 5m (m³)　　② 10cm, 15cm, 20cm (cm³)

   ③ 1.5m, 500m, 120cm (m³)

답 193쪽

📟 무게

수박을 사러간 서현이는 가족과 함께 먹기 위해 좀 더 큰 수박을 고르는 중이에요. 그런데 겉보기에 별 차이가 없어요. 어떤 수박을 사야 할까요?

겉보기에 크기가 비슷해 보이면 들어서 무게를 비교해 봐야 해요. 무게를 비교하려면 직접 들어보거나 저울을 사용해요. 무게 차이가 많이 나는 두 물체를 비교할 때는 직접 들어보아도 비교할 수 있어요. 하지만 무게 차이가 크게 나지 않는 두 물체를 비교할 때는 정확한 비교를 위해 저울을 사용해야 해요.

무게는 지구가 잡아당기는 힘을 말해요. 뉴턴이 만유인력의 법칙을 발견하면서 모든 물체는 서로 잡아당기는 힘이 작용한다는 것을 알게 되었어요. 하지만 지구처럼 잡아당기는 힘이 큰 경우에는 상대 물체가 잡아당기는 힘은 거의 없는 거나 마찬가지예요. 그래서 특별히 지구처럼 큰 물체가 잡아당기는 힘을 **중력**이라고 해요. 중력의 크기는 장소에 따라 달라지기 때문에 무게를 잴 때 누르면 눈금이 바뀌는 저울을 사용하게 되지요.

무게와 달리 장소가 바뀌어도 바뀌지 않는 물체 고유의 양도 있어요. 이것을 질량이라고 해요. 질량은 물체마다 고유한 값이기 때문에 양팔저울로 측정해요.

우리가 보통 '내 몸무게는 50kg이다'라고 할 때 50kg은 질량의 단위예요. 무게를 나타낼 때는 kg×중력가속도, 즉 지구가 당기는 힘을 함께 계산해 줘야 해요. 하지만 일상생활에서는 큰 문제가 없기 때문에 질량과 무게를 동일하게 생각해요. 확실하게 하고 싶으면 50kg중이라고 하면 돼요.

질량의 기본 단위로는 kg(킬로그램)과 g(그램)을 써요.

질량도 미터법을 만들 때 정했어요. 그래서 1기압, 약 4°C일 때의 물 1000cm^{3}의 질량을 1kg으로 정했어요.

질량의 보조단위는 다음과 같아요.

질량의 단위

1kg(킬로그램)=1000cm^3

1t (톤)=1m^3

1g (그램)=1cm^3

1mg (밀리그램)=1mm^3

하지만 나라마다 톤은 조금씩 다르게 사용되고 있어요.

단위별 관계를 볼까요?

1kg=1000g=1000000mg으로 1000배씩 달라져요.

들이와 질량의 관계를 정리해 보면 다음과 같아요.

들이와 질량의 관계

1m^3=1t －1kL

1000cm^3= 1kg = 1L

1cm^3 = 1g ＝1mL

무게의 덧셈과 뺄셈

엄마가 원준이에게 설탕과 소금을 사오라고 했어요. 가게에 가보니 설탕은 3kg, 소금은 500g짜리가 있어요. 원준이가 산 설탕과 소금의 무게는 얼마일까요?

무게의 덧셈과 뺄셈은 어떻게 할까요? 길이 계산과 방법은 같아요.

$$3kg + 500g = 3kg + 0.5kg = 3.5kg$$
$$또는 3000g + 500g = 3500g$$

같은 단위로
바꿔서 계산해요.

물론 3kg 500g이라고 해도 돼요. 받아올림과 받아내림만 제대로 하면 돼요. 받아올림하는 문제를 더 풀어볼까요?

24kg 600g에 15kg 800g을 더해 보아요.

$$24kg\,600g + 15kg\,800g = 39kg + 1400g$$
$$= 40kg\,400g \text{ 받아올림}$$

받아내림하는 문제도 풀어 보아요.

$$7kg\,300g - 5kg\,500g$$
$$\text{받아내림} = 6kg\,1300g - 5kg\,500g$$
$$= 1kg\,800g$$

예제 다음 문제를 풀어보아요.

1. 다음 무게의 덧셈과 뺄셈을 계산해 보아요.

① 5kg 400g+3kg 900g

② 4kg 200g − 2kg 700g

③ 무게가 500g인 유리병에 쥬스를 가득 담아 $\frac{1}{3}$ 을 마셨더니 병의 무게가 700g이 되었어요. 처음에 담은 쥬스의 무게는 얼마인가요?

답 193쪽

⚡ 달에 가면 몸무게가 가벼워진다고?

중력은 장소에 따라 달라져요. 왜냐하면 지구 중심에서부터 작용하는 거리가 멀수록 중력은 작아지기 때문이에요. 그리고 지구가 아닌 다른 별에 가면 그 별이 끌어당기는 힘은

지구와 달라요. 달에 가서 몸무게를 재면 어떻게 될까요?

달에 간 우주인들의 모습을 보면 뭔가 움직임이 어색하죠? 그 이유는 달의 중력이 지구와 다르기 때문이에요. 달은 지구보다 크기가 작아서 중력도 훨씬 작아요. 지구 중력의 $\frac{1}{6}$ 정도 작용하지요.

그래서 지구에서 몸무게가 60kg중인 사람이 달에 가면 10kg중이 돼요. 하지만 이 사람의 질량은 60kg으로 지구나 달이나 똑같아요.

지구에서는 60kg중의 무게를 버티던 몸이 달에서는 10kg중만 버티면 되니까 몸이 훨씬 가볍게 느껴지겠죠? 걸을 때 지구를 딛던 힘보다 $\frac{1}{6}$ 만 쓰면 되기 때문에 지구에서 1m 뛰는 힘이면 달에서는 6m나 뛰어오를 수 있어요.

비와 비율

강서초등학교 6학년 담당 선생님은 모두 12명이에요. 그중에 남자선생님이 4명이라면 여자 선생님이 남자 선생님보다 얼마나 더 많나요?

전체 12명인 선생님 중에 남자 선생님이 4명이면 여자 선생님은 8명이에요.

＊뺄셈으로 알아보면

8-4=4로 여자선생님이 남자선생님보다 4명이 더 많아요.

＊나눗셈으로 알아보면

8÷4=2로 여자선생이 남자선생님보다 2배 더 많아요. 달리 말하면 남자선생님은 여자선생님 수의 $\frac{1}{2}$배가 되지요.

두 수를 비교하는 방법은 뺄셈으로 비교해도 되고 나눗셈으로 비교해도 돼요. 이 중에서 두 수를 나눗셈으로 비교하여 한 수가 다른 수의 몇 배인지 나타내는 것을 **비**라고 해요. 비를 나타낼 때는 기호 ':'를 사용해요.

여자선생님 수와 남자 선생님 수를 비로 나타내면 2:1이라고 쓰고 "2대 1"이라고 읽어요. 물론 "2과 1의 비"라거나 "1에 대한 2의 비" 또는 "2의 1에 대한 비"로도 읽을 수 있어요. 비 2:1에서

44

2와 1을 비의 **항**이라고 하는데 앞에 있는 2를 **전항**, 뒤에 있는 1을 **후항**이라고 해요.

비교하는 값 2 : 1 기준량

전항 후항

항

비의 전항과 후항에 0이 아닌 같은 수를 곱하거나 나누어도 비율은 변하지 않아요.

$$2 : 1 = 2 \times 2 : 1 \times 2 = 4 : 2$$

$$4 : 2 = \frac{4}{2} : \frac{2}{2} = 2 : 1$$

비 3 : 4에서 기호 왼쪽에 있는 3은 비교하는 양이고 오른쪽에 있는 4는 기준량이에요. 비교하는 양을 기준량으로 나눈 값을 **비율** 또는 **비의 값**이라고 해요.

$$(비율) = (비교하는 \ 양) \div (기준량) = \frac{(비교하는 \ 양)}{(기준량)}$$

그래서 3 : 4를 비율로 나타내면 $\frac{3}{4}$ 또는 0.75가 되지요.

국토대장정에 참가한 학생 20명 중 끝까지 완주한 학생은 8명이에요. 국토대장정에 참가한 학생 수에 대한 완주한 학생 수의 비율을 나타내 보아요.

8 : 20이므로 분수로 나타내면 $\frac{8}{20} = \frac{2}{5}$ 이고 소수로 나타내면 0.4가 돼요. 그러면 참가 학생수가 100명일 때 이 비율로 완주한다면 완주한 학생 수는 얼마나 될까요?

100명의 0.4이므로 100×0.4=40명이 되겠네요. 물론 실제 결과는 예상한 비율과 다를 수 있어요. 선거때 보면 예상득표율과 실제 득표수가 다르잖아요.

이렇게 비율에 100을 곱한 값을 **백분율**이라고 해요. 백분율의 기호는 '%'에요. 0.4는 백분율로 나타내면 40%라고 쓰고 40퍼센트라고 읽어요. 이 비율과 백분율을 이용해서 어떤 사건이 일어날 가능성을 표현할 수 있어요.

빨강 모자 5개, 노랑 모자 3개, 파랑 모자 2개가 진열대에 놓여 있어요. 어떤 사람이 들어와서 빨강 모자를 살 가능성은 얼마인가요?

10개의 모자 중에서 어떤 색 모자를 사게 될지 가능성을 백분율을 이용하여 나타내어 보아요. 빨강 모자는 10개 중에 5개이니 $\frac{5}{10} = \frac{1}{2}$ 입니다. 백분율로 나타내면 50%가 돼요. 아무렇게나 집어도 2개 중에 하나는 빨강 모자일 거라는 거죠.

높이 2m인 로봇을 20%로 축소해서 미니어처 로봇을 만들려고 해요. 만들려는 미니어처 로봇의 높이는 얼마일까요?

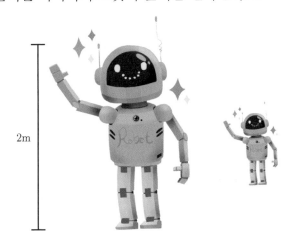

2m 높이의 로봇을 그대로 만들기엔 너무 크지요. 이럴 때는 전체를 같은 비율로 축소해서 미니어처 로봇을 만들 수 있어요.

기준량은 처음 높이인 2m이고 비율은 20%지요. 그리고 미니어처 로봇의 높이가 비교하는 양이 돼요.

비율과 기준량을 이용해서 비교하는 양을 구할 수 있어요.

(비교하는 양) = (기준량) × (비율)

$$2\text{m} \times \frac{20}{100} = 2\text{m} \times 0.2 = 0.4\text{m}$$

미니어처 로봇의 높이는 40cm가 돼요.

이렇게 일정한 비율에 맞게 축소해서 그리는 건 지도를 그릴 때도 사용해요. 실제 거리와 지도에 나타낸 거리의 비율을 **축척**이라고 해요. 1 : 12000이라면 실제 거리를 $\frac{1}{12000}$로 줄여서 지도에 표시했다는 뜻이에요. 이것은 100000000cm를 1cm로 그렸다는 것을 의미해요.

이 지도는 실제 크기를 100000000배로 줄인 거예요.

비율은 축척 이외에도 속력을 구하거나 인구 밀도를 구할 때, 그리고 농도를 구할 때도 사용해요.

서울역에서 KTX 열차를 타고 부산을 갔더니 2시간 30분이 걸렸어요. 서울에서 부산까지 거리는 400km라고 할 때 KTX열차는 1시간에 얼마나 달렸나요?

400km를 2시간 30분으로 나누면 1시간에 달린 거리를 구할 수 있어요.

$$400\text{km} \div 2\text{시간 } 30\text{분} = 160\text{km/시}$$

KTX 열차는 1시간에 160km를 달렸어요.

속력은 물체의 빠르기로 단위 시간에 간 평균 거리를 말해요. 즉 이동한 거리를 걸린 시간으로 나눈 값이지요.

(속력) = (간 거리) ÷ (걸린 시간)

속력은 1초, 1분, 1시간 동안 가는 평균 거리를 각각 **초속**(m/초), **분속**(m/분), **시속**(km/시)이라고 해요.

치타가 10초에 10m를 간다면 1초에 1m를 갔으므로 치타의 속력은 1m/초라고 쓰고 초속 1미터라고 읽어요.

여운이는 사람이 많은 도시가 답답해서 시골로 여행을 갔어요. 논길을 한참 걸어도 마주치는 사람이 몇 안 되었어요. 도시와 시골의 인구 차이가 많이 나나 봐요. 인구 차이를 어떻게 비교할 수 있을까요?

사람이 많이 사는지 적게 사는지를 나타내는 용어로는 인구 밀도가 있어요. 인구 밀도는 단위 면적($1km^2$)에 사는 평균 인구를 말해요.

$$(인구밀도) = (인구) \div (넓이\, km^2)$$

인구 밀도가 높다는 것은 일정한 면적에 사는 사람이 많다, 인구 밀도가 낮다는 건 일정한 면적에 사는 사람이 적다는 걸 의미해요.

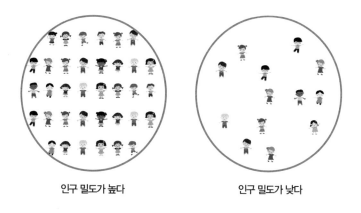

인구 밀도가 높다   인구 밀도가 낮다

넓이가 $20km^2$인 (가)도시에는 5천 명이 살아요. (가) 도시의 인구 밀도를 구해 볼까요?

$$5000명 \div 20km^2 = 250명/km^2$$

250명/km^2라고 쓰고 km^2당 250명이라고 읽어요. 단위(명/km^2)

를 잘 보면 나눗셈을 해서 단위도 분수 형태를 가지고 있어요.

할아버지는 하은이에게 잘 여문 볍씨를 골라오라고 해요. 소금물에 달걀이 동전만큼 뜨는 진하기가 되면 볍씨를 넣으라고 했어요. 하은이는 물에 소금을 넣고 녹인 후 달걀을 띄웠어요 달걀이 동전만큼 뜰 때까지 계속 소금을 넣어 녹여야만 했는데 한번에 적당한 소금의 양을 넣는 방법은 없을까요?

용액이 진하다 진하지 않다는 일정한 용액에 들어간 용질의 양이 얼마나 되는가로 알 수 있어요.

용액은 용매와 용질을 합한 액체이고 **용매**는 용질을 녹이는 액체, **용질**은 녹는 물질을 말해요. 소금을 물에 녹였다면 소금이 용질, 물이 용매, 그리고 소금물이 용액이에요. 일정한 양의 물에 소금을 많이 녹일수록 용액이 진하다고 해요.

농도, 즉 용액의 진하기는 용액의 양에 대한 용질의 양의 비율을 말해요.

$$\text{용액의 진하기}(\%) = \frac{(\text{용질의 양})}{(\text{용액의 양})} \times 100$$

보통 용액의 진하기는 비율에 100을 곱해서 %로 나타내요. 농도의 단위는 %를 많이 써요.

물 800g에 설탕 200g을 넣어 설탕물을 만들었어요. 이 설탕물의 진하기는 얼마일까요?

$\frac{200}{\underset{(800+200)}{1000}} \times 100 = 20$ 으로 20%의 설탕물이 돼요.

예제 다음 문제를 풀어보아요.

1. 가로 120m, 세로 90m의 직사각형 모양의 땅이 있어요. 이 땅을 종이에 그리려고 해요. 세로를 30cm로 그렸다면 가로의 길이는 얼마로 나타내야 할까요?

2. 5% 소금물 200g이 있어요. 여기에 들어 있는 소금의 양은 얼마인가요?

3. 추석에 시골 외할머니댁까지 가는 데 3시간이 걸렸어요. 집에서 외할머니댁까지 210km라면 평균 어느 정도의 빠르기로 달린 걸까요?

답 194쪽

생각해 보세요!

석민이와 원석이는 소금물 용액을 만들며 농도를 알아보았어요. 석민이는 6%의 소금물 100g을 만들었어요. 원석이가 자신이 만든 소금물을 들고 오다가 그만 석민이가 만든 소금물에 자신의 소금물을 붓고 말았어요. 섞인 소금물의 양은 180g이고 농도가 4%였다면 원석이가 처음 만든 소금물의 농도는 얼마일까요?

답 194쪽

비례식과 비례배분

비례식

은지는 자전거를 타고 한강공원을 달리고 있어요. 일정한 빠르기로 1km를 이동하는 데 3분, 3km를 가는 데 9분이 걸렸어요. 같은 빠르기로 달린다면 10km를 이동하는 데 몇 분이 걸릴까요?

먼저 이동한 거리 대 걸린 시간의 비를 구해야 해요.

1km 가는 데 3분이 걸렸으므로 1:3

3km 가는 데 9분이 걸렸으므로 3:9

1:3의 전항과 후항에 각각 3을 곱해 보아요.

3:9가 되지요? 그러면 1:3=3:9라고 할 수 있어요.

비의 전항과 후항에 같은 수를 곱하면 비율은 같군요.

그러면 10km 가는 데 걸리는 시간은 어떻게 구할까요?

1:3의 전항과 후항에 10을 곱하면 되겠지요?

$$1:3=10:30$$

10km를 이동하는데 30분이 걸려요.

이렇듯 비율이 같은 두 비를 등호를 사용하여 1:2=2:4로 나타내는 식을 **비례식**이라고 해요. 비례식 1:2=2:4에서 바깥쪽에 있는 두 항 1과 4를 **외항**, 안쪽의 두 항 2와 2를 **내항**이라고 해요.

53

$$1 : 2 = 2 : 4$$

이 비례식은 다르게 나타내면 $\frac{1}{2} = \frac{2}{4}$로 나타낼 수 있어요.

$$\frac{1}{2} = \frac{2}{4} \rightarrow \frac{1 \times 4}{2 \times 4} = \frac{2 \times 2}{4 \times 2} \rightarrow 1 \times 4 = 2 \times 2$$

양쪽 분모를 같게 하면   분모가 같으니 분자도 같다

즉 서로 분모와 분자를 ×자 형태로 바꿔서 곱한 값과 같아요. 다시 말하면 내항의 곱은 외항의 곱과 같다는 거죠.

$$\frac{1}{2} \times \frac{2}{4}$$ × 자 형태로 곱해요.

3:6=4:8로 다시 살펴볼까요?

내항의 곱과 외항의 곱을 구하면 다음과 같아요.

$$3 : 6 = 4 : 8 \rightarrow 6 \times 4 = 3 \times 8$$ 곱한 값이 같죠?

이러한 비례식의 성질을 이용하여 문제를 해결할 수 있어요.

비 $\frac{1}{3} = \frac{1}{4}$을 자연수의 비로 간단히 나타내어 보아요.

먼저 두 분모의 공배수인 12를 각 항에 곱해요. 각 항에 같은 수를 곱하면 비율은 같다고 했어요.

$$\frac{1}{3} : \frac{1}{4} = \cancel{12} \times \frac{1}{3} : \cancel{12} \times \frac{1}{4} = 4 : 3$$

약분하면

항이 분수일 때는 공배수를 각 항에 곱하면 간단한 자연수의 비로 나타낼 수 있어요.

0.6 : 3.0을 간단한 자연수의 비로 나타내어 보아요.

먼저 각 항에 10을 곱해요. 그리고 각 항을 두 수의 공약수로 나누어요.

$$0.6 : 3.0 = 6 : 30 = 1 : 5$$

각 항×10   각 항÷6

항이 소수일 때는 각 항을 자연수로 고친 후 두 수의 공약수로 각 항을 나누면 간단한 자연수의 비로 나타낼 수 있어요.

예제 다음 문제를 풀어보아요.

1. 다음 식의 □ 값을 구해 보세요.

   ① 4 : 3 = 16 : □   ② □ : 7 = 60 : 84

   ③ 3 : 5 = □ : 30   ④ 9 : □ = 81 : 54

2. 맞물려 돌아가는 (가)와 (나) 톱니바퀴가 있어요. (가) 톱니바퀴가 5바퀴 동안 (나) 톱니바퀴는 8바퀴를 돌아요. (가) 톱니바퀴가 40바퀴 도는 동안 (나) 톱니바퀴는 몇 바퀴를 돌까요?

답 194쪽

비례배분

 하늘이와 하별이는 사탕 15개를 2:3으로 나누어 가지려고 해요. 그렇다면 하늘이와 하별이는 각각 몇 개의 사탕을 가지게 되나요?

 2:3으로 나누어 가지면 갖게 되는 사탕 수를 어떻게 알 수 있을까요? 먼저 표를 그려서 알아보아요.

하늘이 사탕 수	2	4	6
하별이 사탕 수	3	6	9
전체 사탕 수	5	10	15

 15개 중에서 하늘이가 가지는 사탕은 6개, 하별이가 가지는 사탕은 9개가 돼요. 그러면 하늘이가 가지는 사탕은 전체의 몇 분의 몇인가요?

하늘이가 가지는 사탕은 6개로 전체가 15개니까

$$\frac{6}{15} = \frac{2}{5}$$

하별이가 가지는 사탕은 전체의 몇 분의 몇이 되나요?

하별이가 가지는 사탕은 9개로 전체가 15개니까

$$\frac{9}{15} = \frac{3}{5}$$

하늘이와 하별이가 2:3으로 나누어 가지면 하늘이는 $\frac{2}{5}$, 하별이는 $\frac{3}{5}$ 을 가지게 돼요. 어? 분모가 5가 되었네요. 비 2:3에서 전항과 후항을 더해 보아요. 5가 되지요? 이 분모 5는 바로 전항과 후항을 더한 값이군요.

하늘이와 하별이가 사탕 15개를 2:3으로 나누어 가질 때 표를 그리지 않고 바로 식으로 나타낼 수 있어요.

$$하늘이의 \ 사탕 \ 15 \times \frac{2}{5} = 6$$

$$하별이의 \ 사탕 \ 15 \times \frac{3}{5} = 9$$

이렇게 식으로 바로 구할 수 있어요.

전체를 주어진 비로 배분하는 것을 **비례배분**이라고 해요. 비례배분을 편하게 하려면 주어진 비의 전항과 후항의 합을 분모로 하는 분수의 비로 고치면 쉬워요.

예제 다음 문제를 풀어보아요.

1. 준규와 하은이는 어머니의 생신에 20000원짜리 케이크를 사려고 해요. 준규와 하은이가 3:2로 나누어 돈을 낸다면 각각 얼마씩 내야 하나요?

2. 둘레가 64cm인 직사각형이 있어요. 가로와 세로의 길이 비가 5:3일 때 가로와 세로의 길이를 구하세요.

답 194쪽

정비례와 반비례

호빵아저씨는 빵을 만들 때 쓸 설탕을 사러 갔어요. 설탕 한 봉지에 2kg인데 아저씨는 최대한 많이 사서 가지고 오고 싶어요. 수레에 30kg까지 실을 수 있다면 몇 봉지를 살 수 있을까요?

먼저 설탕 한 봉지와 무게의 관계를 알아보아요.

설탕 봉지가 2, 3, 4,⋯ 로 늘어날 때 설탕의 무게는 어떻게 변하나요?

설탕 봉지 수를 x, 설탕의 무게를 y로 하여 표로 그려 보아요. (수학에서 아직 모르는 수를 나타낼 때 □ 대신에 x, y 등 문자로 나타내곤 해요.)

			2배	3배	4배	5배				
설탕의 봉지 수(x)	1	2	3	4	5	6	7	8	⋯
설탕의 무게(y)	2	4	6	8	10	12	14	16	⋯
			2배	3배	4배	5배				

표에서 x가 2배, 3배, 4배로 변할 때 y의 값도 2배, 3배, 4배로 변해요. 이처럼 x의 값이 증가할수록 y의 값도 증가하는 x와 y의 관계를 **정비례**한다고 해요.

이것을 식으로 나타내면 $y=2\times x$로 나타낼 수 있어요.

차에 30kg까지 실을 수 있다고 했으니 $y=30$으로 식에 넣으면

$$30=2\times x$$
$$x=15$$

호빵 아저씨는 설탕 15봉지를 살 수 있어요.

x와 y가 정비례할 때 식은 $y=2\times x$, $y=3\times x$, $y=4\times x$ 등으로 나타낼 수 있어요. 이때 일정한 값 2, 3, 4, …를 **비례상수**라고 해요. 비례상수 대신에 문자 a를 사용하면 $y=ax$라고 표현할 수 있어요.

x가 증가할 때 y값도 같이 증가하면 정비례라고 했어요. 반대로 x가 증가할 때 y값이 감소하는 경우도 있겠지요?

맞물린 톱니바퀴 두 개가 돌아가고 있어요. 큰 바퀴의 톱니바퀴 수가 48개일 때 작은 톱니바퀴의 톱니 수와 회전수 사이의 관계를 알아보아요.

작은 톱니바퀴의 톱니 수 (x)	1	2	3	4	6	8	12	⋯
작은 톱니바퀴의 회전 수 (y)	48	24	16	12	8	6	4	⋯

표에서 x가 2배, 3배, 4배로 변할 때 y의 값도 $\frac{1}{2}$배, $\frac{1}{3}$배, $\frac{1}{4}$배로 변해요. 이처럼 x의 값이 증가할수록 y의 값은 감소하는 x와 y의 관계를 **반비례**한다고 해요.

x와 y가 반비례할 때 식은 $y\times x=2$, $y\times x=3$, $y\times x=4$ 등으로 나타낼 수 있어요. 이때 일정한 값 2, 3, 4⋯를 **비례상수**라고 해요. 비례상수 대신에 문자 a를 사용하여 $y\times x=a$ 또는 $y=\frac{a}{x}$라고도 표현해요.

예제 다음 문제를 풀어보아요.

1. 휘발유 1L로 8km를 가는 자동차가 있어요. 이 자동차가 휘발유 xL로 갈 수 있는 거리를 $y$km라고 할 때 휘발유 7L로 갈 수 있는 거리는 몇 km인가요?

2. 넓이가 24cm²인 직사각형의 가로 길이를 x, 세로 길이를 y로 하여 x와 y의 대응 관계를 식으로 나타내 보세요.

답 195쪽

Note

② 도형

🎲 도형의 기본 요소

점, 선, 면

밤하늘을 올려다 보면 별이 점점이 박혀 있어요.

점을 한번 찍어 보세요. 그리고 점 옆에 한글이나 알파벳 등으로
이름을 붙여줘요.

• ㄱ   점 ㄱ이라고 읽어요.

수학에서 점은 부분은 없고 위치만을 나타내요.
점이 움직여요. 따라가며 점을 쭉 찍어요.

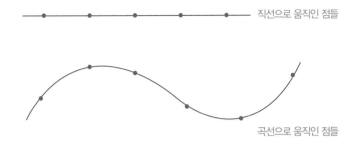

직선으로 움직인 점들

곡선으로 움직인 점들

이렇게 점이 움직이면서 지나간 자리를 **선**이라고 해요. 선은 아주 많은 점들이 모여서 이루어져요. 점이 어떻게 움직였느냐에 따라 직선이 되기도 하고 곡선이 되기도 해요.

카메라의 조리개를 열고 밤새 밤하늘의 사진을 찍으면 별의 움직임을 볼 수 있어요.

별이 둥글게 곡선으로 움직였어요.

점들이 끝없이 곧게 움직여서 만들어진 선을 **직선**이라고 해요.
점 ㄱ과 점 ㄴ을 동시에 지나는 직선을 그려 보아요.

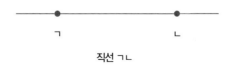

직선 ㄱㄴ

직선 ㄱㄴ 또는 **직선 ㄴㄱ**이라고 읽어요. 한없이 계속 그어져 있
다는 의미로 양 끝에 화살표로 표시하기도 해요.

한 점을 지나는 직선은 아주 많아요. 하지만 두 점을 지나는 직
선은 하나뿐이에요.

이제 점 ㄱ에서 시작해서 점 ㄴ을 지나서 한쪽으로 한없이 늘인
선을 그려 볼까요?

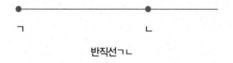

반직선 ㄱㄴ

반직선 ㄱㄴ이라고 읽어요. 만약 점 ㄴ에서 시작하여 점 ㄱ을 지
나서 계속 가는 선이라면 **반직선 ㄴㄱ**이라고 읽어요.

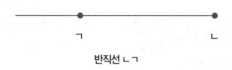

반직선 ㄴㄱ

점 ㄱ에서 점 ㄴ을 이은 선을 그려 보아요.

선분 ㄱㄴ

두 점을 곧게 이은 선은 **선분**이라고 해요. 점 ㄱ과 점 ㄴ을 이은 선분은 **선분 ㄱㄴ** 또는 **선분 ㄴㄱ**이라고 읽어요. 점 ㄱ과 점 ㄴ사이의 거리가 바로 선분 ㄱㄴ의 길이예요.

야광봉을 흔들어보아요.

가만히 있을 때의 야광봉은 선처럼 보이지요. 그런데 흔들면 넓게 보여요.

이렇게 선이 움직이면서 만들어지는 모양을 **면**이라고 해요. 면은 수없이 많은 선들이 모인 것이지요.

점, 선, 면이 모여서 만들어진 모양은 **도형**이라고 해요.

📦 각

한 점에서 반직선 2개가 그어지면 어떻게 될까요?

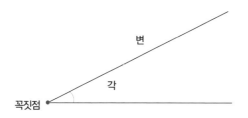

이처럼 한 점에서 그은 반직선 2개로 이루어진 도형을 **각**이라고 해요. 두 반직선이 만난 점을 **꼭짓점**이라고 하고 두 반직선을 **변**이라고 해요.

각은 꼭짓점을 기준으로 읽어요. 꼭짓점이 A이면 ∠A라고 쓰고 각 A라고 읽어요. 변이 반직선이 아닌 선분으로 되어 있다면 꼭짓점을 중심으로 세 점을 차례로 읽어요. 꼭짓점이 B이고 각 변의 끝점이 A와 C라면 ∠ABC라고 쓰고 각 ABC라고 읽어요.

각의 크기를 **각도**라고 하고 직각을 똑같이 90으로 나눈 하나를 1도로 정해서 1°라고 써요. 각의 크기는 각도기로 잴 수 있어요.

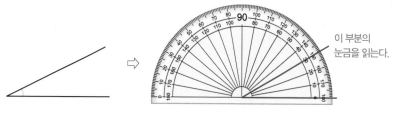

이 부분의
눈금을 읽는다.

각 끝부분을 각도기의 중심에 맞춘다.

　각의 크기는 두 변이 벌어진 정도에 따라 달라져요. 변의 길이와
는 상관이 없어요.

각의 종류

　각의 크기에 따라 각을 나눌 수 있어요.

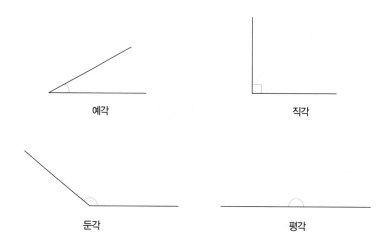

예각

직각

둔각

평각

각의 크기가 0도보다 크고 90도(직각)보다 작은 각을 **예각**, 두 반직선 사이 각이 90도인 것을 **직각**이라고 해요. 다른 각 표시는 둥근데 반해 직각은 네모로 표시해요. 그리고 두 반직선 사이 각이 90도보다 크고 180도보다 작은 각을 **둔각**이라고 해요. 180도인 일직선 각은 **평각**이라고 해요.

그럼 30도를 그려 볼까요?

각도를 그리려면 어떻게 해야 할까요? 각도기를 이용해 그릴 수 있어요.

먼저 각의 한 변 ㄱㄴ을 그리고 각도기의 중심과 각의 꼭짓점인 ㄱ을 잘 맞춰요. 각도기의 밑금은 변 ㄱㄴ에 잘 맞춰야겠지요?

그리고 30도 눈금에 점 ㄷ을 찍고 각도기를 뗀 후 점 ㄷ과 점 ㄱ을 연결하면 각 30도가 그려져요.

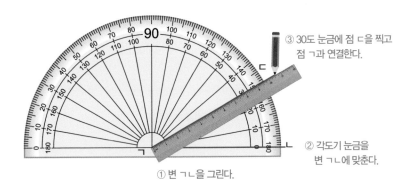

③ 30도 눈금에 점 ㄷ을 찍고 점 ㄱ과 연결한다.

② 각도기 눈금을 변 ㄱㄴ에 맞춘다.

① 변 ㄱㄴ을 그린다.

각도의 덧셈과 뺄셈

시계의 바늘이 30도를 움직인 후 다시 60도를 움직였어요. 시계의 바늘이 움직인 각도는 모두 얼마인가요?

각도는 어떻게 더하면 될까요?

각도의 덧셈과 뺄셈은 자연수의 덧셈, 뺄셈과 같은 방법으로 계산하면 돼요.

30도 움직이고 다시 60도를 움직였으므로 $30°+60°=90°$

모두 90도를 움직였어요.

나중에 움직인 각도에서 처음 움직인 각도를 빼 볼까요?

$60°-30°=30°$. 처음 움직인 각도와 나중에 움직인 각도의 차이는 30도가 되네요.

예제 다음 문제를 풀어보아요.

1. 다음 주어진 각의 크기를 구하세요.

①∠ABD   ②∠A

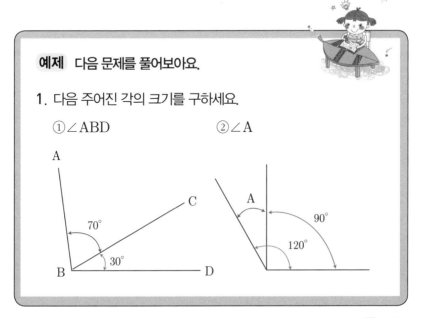

답 195쪽

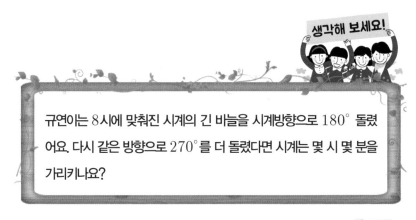

규연이는 8시에 맞춰진 시계의 긴 바늘을 시계방향으로 $180°$ 돌렸어요. 다시 같은 방향으로 $270°$를 더 돌렸다면 시계는 몇 시 몇 분을 가리키나요?

답 195쪽

직선 사이의 관계

기차가 달리는 철로는 두 직선이 나란히 놓여 있는 모양이에요. 아무리 달려가도 두 직선이 만나지 않아 사고가 나지 않도록 한 것이랍니다.

두 직선은 한 점에서 만나거나 아니면 완전히 일치하거나 혹은 영영 만나지 않을 수 있어요.

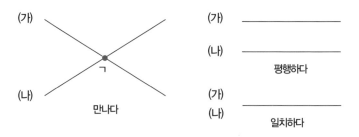

두 직선이 한 점에서 만나는 것을 **교차한다**고 말해요. 직선 (가)와 (나)는 점 ㄱ에서 교차해요. 교차하는 점을 **교점**이라고 해요.

두 직선이 완전히 겹치는 것을 **일치한다**고 해요. 두 직선이 영영 만나지 않고 나란히 있는 것을 **평행하다**고 해요.

평행한 두 직선 사이의 거리는 일정해요. 거리가 일정하면 절대 만날 수 없어요. 하지만 거리를 줄이다 보면 두 직선은 서로 만나게 돼요.

두 직선이 한 점에서 만날 때 각이 생겨요. 이때 생기는 각을 **교각**이라고 해요. 그중 서로 마주 보는각을 **맞꼭지각**이라고 해요.

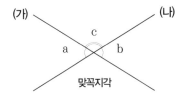

$\angle a$와 $\angle b$는 교각이면서 서로 마주보고 있으므로 맞꼭지각이에요. 맞꼭지각은 서로 크기가 같아요. ($\angle a = \angle b$). 맞꼭지각 크기가 왜 같냐고요?

직선 (가)를 보면

$$\angle b + \angle c = 180도$$
$$\angle c = 180도 - \angle b$$

직선 (나)를 보면

$$\angle a + \angle c = 180도$$

$$\angle c = 180도 - \angle a$$

따라서 $\angle a = \angle b$라는 걸 알 수가 있어요.

그림처럼 두 직선이 한 점에서 직각으로 만났을 때 두 직선이 **직교한다**고 해요.

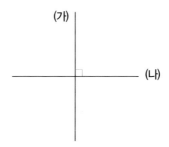

직각으로 교차했다는 의미지요. 한 점에서 두 직선이 수직으로 만났다고도 해요.

한 점에서 다른 선분으로 선을 그었을 때 두 선이 만나는 경우는 다양해요.

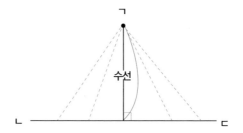

74

그중에서 직각을 이루며 만났을 때 그 선을 한 점에서 다른 선분으로 내린 **수선**이라고 해요. 한 점과 다른 선분 사이 최단거리이기도 하지요.

다음 그림 같은 경우가 모두 수선이랍니다.

한 직선에 수직인 직선을 두 개 그어볼까요?

직선 (가)에 수직인 직선 (나)와 (다)를 그려보았더니 (나)와 (다) 두 직선은 서로 만나지 않아요. 이렇게 만나지 않는 두 직선을 **평행선**이라고 해요.

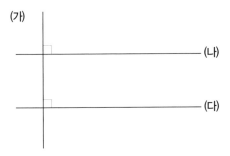

두 평행선이 있을 때 한 직선에서 다른 직선으로 수선을 그려요.

이 수선의 길이를 **평행선 사이의 거리**라고 해요.

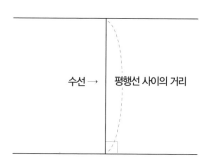

수선 →　평행선 사이의 거리

한 직선이 평행한 두 직선과 만날 때 각이 여러 개가 생겨요. 이 각들 사이에도 관계가 있어요.

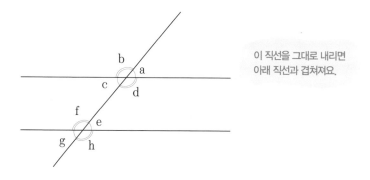

이 직선을 그대로 내리면 아래 직선과 겹쳐져요.

∠a와 ∠e의 위치처럼 같이 있는 각을 **동위각**이라고 해요. 그래서 ∠b와 ∠f도 동위각이에요. 물론 ∠c와 ∠g, ∠d와 ∠h도 서로 동위각이에요.

평행한 두 직선이기 때문에 ∠a를 그대로 내려오면 ∠e와 겹쳐요. 그래서 동위각들은 각의 크기가 서로 같아요.

∠c와 ∠e의 위치에 있는 각을 **엇각**이라고 해요. ∠f와 ∠d도 엇각이지요. 그렇다면 엇각은 서로 어떤 관계가 있을까요?

$$∠a = ∠e \text{ (동위각으로 크기가 같다)}$$
$$∠a = ∠c \text{ (맞꼭지각으로 크기가 같다)}$$
$$\text{그러므로 } ∠c = ∠e$$

엇각도 서로 각의 크기가 같아요. 이것을 정리하면 다음과 같아요.

평행인 두 직선은 동위각의 크기가 같다.
동위각의 크기가 같으면 두 직선은 평행하다.
평행인 두 직선은 엇각의 크기가 같다.
엇각의 크기가 같으면 두 직선은 평행하다.

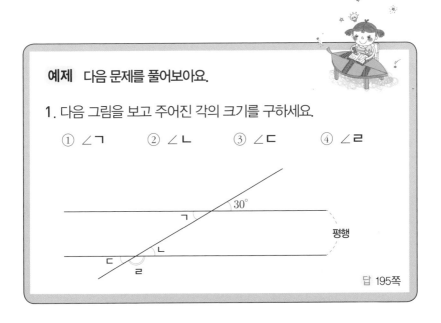

예제 다음 문제를 풀어보아요.

1. 다음 그림을 보고 주어진 각의 크기를 구하세요.

① ∠ㄱ   ② ∠ㄴ   ③ ∠ㄷ   ④ ∠ㄹ

답 195쪽

🎲 도형

점, 선, 면으로 이루어진 것을 **도형**이라고 했어요. 그렇다면 도형에는 어떤 것들이 있을까요?

다음 그림에 숨어 있는 도형을 찾아보아요.

몇 가지나 찾았나요? 삼각형, 사각형, 원, 타원, 사각기둥, 원기둥 등이 보이나요? 오, 잘 찾았네요. 주위를 둘러보아도 많은 모양을 볼 수 있어요. 그중에서 삼각형, 사각형, 원처럼 평면 위에 있는 도형을 **평면도형**이라고 하고 건물이나 지우개처럼 부피를 가져 공간에서 나타내야 하는 도형을 **입체도형**이라고 해요.

평면도형 중에서 선분으로만 이루어진 도형을 **다각형**이라고 해요. 다각형의 선분은 **변**이라고 해요. 변과 변이 만난 점은 **꼭짓점**이라고 하죠. 그리고 변과 변이 이루는 **각**도 있어요.

다각형은 변의 개수에 따라 이름이 달라져요. 변이 3개면 삼각

형, 변이 4개면 사각형, 변이 5개면 오각형, 변이 6개면 육각형 등
으로 불러요.

　다각형 중에서 변의 길이가 모두 같고 각의 크기가 모두 같은 다
각형을 **정다각형**이라고 해요.

도형 움직이기

　성주는 블록 퍼즐 게임을 하고 있어요. 여러 가지 모양의 블록을
밀거나 돌려서 공간을 채우는 게임이에요. 게임을 잘하려면 밀거
나 돌리면 모양이 어떻게 변하는지 알아야 해요. 밀거나 돌리면
모양이 어떻게 변할까요?

　도형을 밀어보아요.

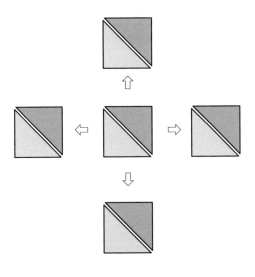

위로도 밀어보고 아래로도 밀어보아요. 왼쪽으로도 밀어보고 오른쪽으로도 밀어보아요. 모양이 어떻게 변하나요?

가운데 도형을 잘라내어 위, 아래, 오른쪽, 왼쪽의 도형과 포개어 보아요. 완전히 딱 포개어지지요? 이렇게 모양과 크기가 똑같아서 완전히 포개지는 두 도형을 **합동**이라고 해요. 두 도형을 포갰을 때 겹쳐지는 점을 **대응점**, 겹쳐지는 변을 **대응변**, 겹쳐지는 각을 **대응각**이라고 해요.

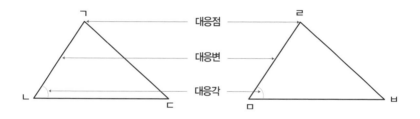

완전히 겹쳐진다는 건 서로 똑같다는 의미이므로 대응변의 길이와 대응각의 크기가 서로 같아요.

따라서 도형을 위, 아래, 오른쪽, 왼쪽으로 움직여도 모양에는 변화가 없다는 걸 확인할 수 있어요.

이번에는 도형을 뒤집어 보아요.

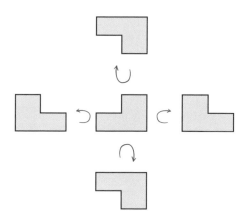

　위로도 뒤집고 아래로도 뒤집어 보아요. 왼쪽으로도 뒤집고 오른쪽으로도 뒤집으면 모양이 어떻게 변하나요?

　도형을 왼쪽이나 오른쪽으로 뒤집으면 도형의 왼쪽과 오른쪽이 서로 바뀌어요.

　위나 아래로 뒤집으면 도형의 위와 아래가 서로 바뀌어요. 이것은 마치 거울을 통해서 보는 모양과 같아요.

　이렇게 거울면을 통해서 모양을 보는 것처럼 한 직선을 따라 접었을 때 두 도형이 완전히 겹쳐지면 그 도형을 **선대칭도형**이라고 해요. 그리고 이 때의 기준선을 **대칭축**이라고 해요.

　미술 시간에 도화지에 물감을 짠 뒤 반으로 접었다가 펴면 접은 선을 기준으로 양쪽 모양이 똑같은 데칼코마니도 선대칭의 일종이지요.

선대칭도형도 대응변의 길이와 대응각의 크기가 같아요.
대응점을 연결해 볼까요?

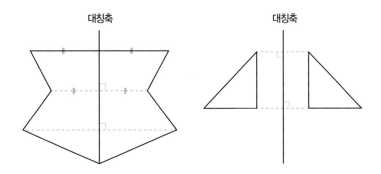

대칭축이 두 도형의 대응점을 연결한 선과 수직으로 만나는군
요. 게다가 대응점에서 대칭축까지의 거리가 같아요. 대칭축이 대
응점을 연결한 선을 똑같이 이등분해요.

이번에는 도형을 돌려보아요. 한번에 90°씩 돌리면 모양이 어떻
게 변하나요?

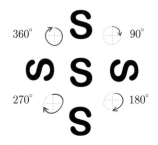

밀거나 뒤집은 모양과는 다르지요? 도형을 돌리면 방향만 바뀌

고 모양과 크기는 변하지 않아요. 도형의 방향이 바뀌니 헷갈릴 수 있어요. 도형의 돌리기는 여러 번 해서 눈에 익혀야 해요. 책을 돌려 보면 도형의 방향이 바뀌는 모양이 좀더 쉽게 눈에 들어올 거예요.

다시 한 번 위의 그림을 살펴볼까요?

대칭의 중심

가운데 도형을 점이라고 생각하고 오른쪽과 왼쪽 도형을 살펴보아요. 오른쪽 도형을 180도 돌리면 왼쪽 도형과 딱 겹치네요?

또한 위의 도형도 180도 돌리면 아래의 도형과 딱 겹쳐져요.

이렇게 어떤 점을 중심으로 180도 돌려서 두 도형이 딱 겹쳐질 때 두 도형을 **점대칭도형**이라고 해요. 그리고 이 점이 **대칭의 중심**이에요.

점대칭도형은 각각의 대응변의 길이와 대응각의 크기가 서로 같아요. 점대칭도형의 대응점을 이은 선분은 대칭의 중심에 의해 이등분되기 때문에 각각의 대응점에서 대칭의 중심까지의 거리는 같아요.

이렇게 도형을 뒤집고 돌리면 규칙적인 무늬를 만들 수 있어요. 화장실 타일 모양이나 도로의 타일을 살펴보면 이해가 쉬울 거예요. 같은 모양의 타일을 돌리거나 뒤집어서 규칙적인 무늬가 만들어졌지요? 전통무늬로 꾸민 반짇고리나 예단함 또는 조각보 등도 같은 모양을 돌리거나 뒤집어서 규칙적인 무늬로 장식한 것이 많아요. 전통 문양을 잘 살펴보면 선대칭도형이거나 점대칭도형을 이용하였다는 걸 알 수 있답니다.

예제 다음 문제를 풀어보아요.

1. 선대칭도형인 그림을 모두 찾으세요.

2. 점대칭도형인 그림을 모두 찾으세요.

① ② ③ ④ ⑤ ⑥

답 195쪽

💡 신기한 이야기: 타지마할

　인도의 대표적인 이슬람 건축물이며 세계적으로 가장 아름다운 건축물 중 하나로 꼽히는 타지마할은 무굴 제국의 수도였던 아그라 남쪽 자무나 강가에 있어요.

　타지마할은 무굴 제국의 황제였던 샤 자한이 너무너무 사랑했던 왕비 뭄타즈 마할을 위해 만든 궁전이에요. 그 당시 외국의 건축가와 전문기술자들을 모두 불러모아 장장 22년간에 걸쳐 완성했다고 해요. 사진 속 타지마할을 보세요. 가운데를 기준으로 접으면 딱 겹치질 것 같죠?

　그런데 사실 이 아름다운 궁전은 죽은 뭄타즈 마할을 추모하기 위해 만든 묘지라고 해요.

✖️ 삼각형

요정이 고깔모자를 쓰고 트라이앵글을 치고 있어요. 고깔모자와 트라이앵글의 모양이 비슷해요.

고깔모자를 한쪽에서 보면 세 변으로 이루어진 도형인 삼각형으로 보여요. 하지만 세 변이 있다고 해서 다 삼각형이 되는 건 아니에요.

트라이앵글도 모양은 세모지만 삼각형이라고 할 수 없어요. 중간에 끊어져 있기 때문이지요. 세 변이 끊어진 곳 없이 만나야 삼각형이에요.

이제 여러 가지 길이로 삼각형을 그려 보아요.(단위cm)

① 4, 4, 4   ② 1, 2, 4   ③ 1, 2, 3   ④ 2, 3, 4

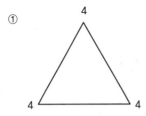

만나지 않는다.

일치한다.

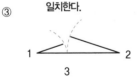

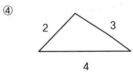

어떤 경우에 삼각형이 되었나요? 세 변의 길이 사이 관계를 살펴보아요.

두 변의 길이를 더한 값이 다른 한 변의 길이와 같으면 삼각형이 될 수 없어요.(③)

두 변의 길이를 더한 값이 다른 한 변의 길이보다 짧아도 삼각형이 안 돼요.(②)

두 변의 길이를 더한 값이 다른 한 변의 길이보다 길어야 삼각형이 만들어져요.(①, ④)

삼각형의 세 변 중 가장 긴 변이 나머지 두 변을 더한 것보다 짧아야만 해요. 그렇지 않으면 삼각형이 될 수가 없어요.

이번에는 여러 가지 삼각형을 기준에 따라 나눠 볼까요?

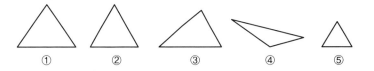

각의 크기에 따라 나누면

세 각의 크기가 모두 90°보다 작은 **예각삼각형** – ①, ②, ⑤

한 각의 크기가 90°인 **직각삼각형** – ③

한 각의 크기가 90°보다 큰 **둔각삼각형** – ④

변의 길이 관계로 나누면

세 변의 길이가 같은 **정삼각형** - ②

두 변의 길이가 같은 **이등변삼각형** - ⑤

삼각형의 꼭짓점도 점이므로 대문자 A, B, C로 표시해요. 그래서 삼각형을 쓸 때는 △ABC라고 쓰고 삼각형 ABC라고 읽어요.

삼각형의 세 각은 각 A, 각 B, 각 C라고 읽거나 각 꼭짓점을 중심으로 각CAB, 각ABC, 각BCA라고 읽어요.

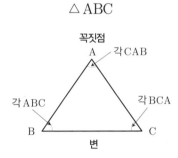

△ABC

삼각형은 다각형의 기본이 되는 도형이에요. 삼각형을 통해서 다각형의 기본적인 성질을 살펴보도록 해요.

내각과 외각

원주는 삼각형의 세 각의 크기를 다 더하면 몇 도가 될지 궁금했어요. 각도기가 없어서 삼각형의 세 각을 각기 찢어서 붙였어요. 다 합치면 몇 도가 되었을까요?

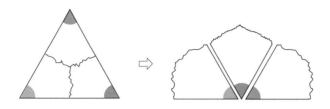

　세 각을 더하니 평각, 즉 180도가 되었어요. 삼각형의 세 각의 크기의 합은 180°예요. 안 믿긴다고요? 그렇다면 앞에서 우리가 배운 내용으로 삼각형의 세 각의 합을 알아볼까요? 평행한 두 직선 사이에 있는 삼각형을 살펴보도록 해요.

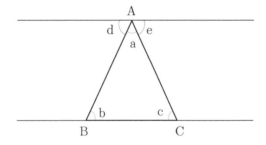

　변 AB는 평행한 두 직선과 만나는 선이에요. 그래서 ∠d와 ∠b는 엇각으로 크기가 같아요.
　변 AC도 평행한 두 직선과 만나는 선이에요. 그래서 ∠e와 ∠c는 엇각으로 크기가 같아요.

$$\angle d + \angle a + \angle e = 180°$$
$$\angle d + \angle a + \angle e = \angle a + \angle b + \angle c \text{이므로}$$
$$\angle a + \angle b + \angle c = 180°$$

삼각형의 안쪽에 있는 ∠A, ∠B, ∠C를 **내각**이라고 해요. 그래서 삼각형의 내각의 합은 $180°$라는 걸 확인할 수 있어요.

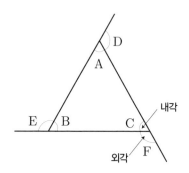

∠D, ∠E, ∠F는 **외각**이라고 해요.

내각과 외각은 서로 어떤 관계가 있을까요? 한번 더해 보아요.

∠A와 ∠D를 더하면 $180°$가 돼요. ∠B와 ∠E, ∠C와 ∠F를 각각 더하면 $180°$가 돼요. 그래서 **내각과 외각의 합은 항상 $180°$**라는 걸 알 수 있어요.

그럼 ∠D, ∠E, ∠F의 합을 구할 수 있을까요? 삼각형의 외각의 합은 얼마일까요? 삼각형의 내각과 외각을 모두 더해 보아요.

$$180° \times 3 = 540°$$

여기서 내각의 합을 빼면 외각만의 합이 나오지요.

$$540° - 180° = 360°$$

삼각형의 외각의 합은 $360°$군요.

삼각형의 합동 조건

윤비는 자와 각도기를 가지고 그림의 삼각형과 똑같은 삼각형을 그리려고 해요. 어떻게 그리면 될까요?

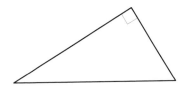

삼각형의 세 변의 길이를 알면 그릴 수 있을까요? 세 변의 길이는 3cm, 4cm, 5cm예요. 긴 변인 5cm를 먼저 그리고

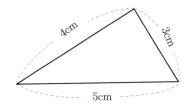

그 변의 양끝에서 3cm, 4cm 거리에서 컴퍼스로 서로 만나는 점을 찾아요. 그리고 그 점으로부터 긴 변의 양끝까지 선을 그리면 삼각형을 그릴 수 있어요. 원래 삼각형과 똑같은지 포개어 보아요. 두 삼각형의 크기와 모양이 똑같아요.

두 변의 길이와 한 각을 알아도 삼각형을 그릴 수 있을까요?

4cm를 그리고 한 점에서 각도기로 직각을 표시해요. 직각의 선

을 따라 3cm를 잰 후 그 점과 4cm인 변을 연결해요.

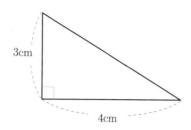

두 변의 길이와 그 사이 각을 직각으로 그린 삼각형을 처음 그린 삼각형과 똑같은지 포개어 보아요. 두 삼각형의 크기와 모양이 똑같죠?

이번에는 한 변의 길이와 두 각을 알면 삼각형을 그릴 수 있는지 확인해 봐요.

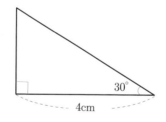

4cm인 변을 그려요. 이 변의 양 끝각을 재면 하나는 직각이고 하나는 30°네요. 변의 양 끝에 두 각을 잰 후 그려진 삼각형을 원래 삼각형과 포개어 보아요. 두 삼각형의 크기와 모양이 똑같아요.

그럼 세 각의 크기만 재어도 똑같이 그릴 수 있을까요?

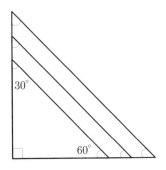

오, 이런. 변의 길이가 정해져 있지 않으니 삼각형의 크기를 정할 수가 없네요. 각의 크기만 알면 크기가 다르지만 생김새는 같은 삼각형을 여러 개 그릴 수 있어요.

윤비가 그린 삼각형처럼 포개었을 때 모양과 크기가 같아서 딱 겹쳐지는 두 도형을 서로 **합동**이라고 해요. 세 각만 알았을 때 그린 삼각형처럼 크기가 다르지만 생김새는 같은 두 도형은 **닮음**이라고 해요.

합동인 삼각형을 그리려면 세 변의 길이를 알거나, 두 변의 길이와 그 사이 각의 크기를 알거나, 한 변의 길이와 그 양 끝각의 크기를 알아야 그릴 수 있답니다(이것이 **삼각형의 합동 조건**이에요).

지금부터는 여러 가지 모양의 삼각형 중에서 이름을 가진 특별한 삼각형들을 살펴보아요.

이등변삼각형

두 변의 길이가 같은 삼각형을 **이등변삼각형**이라고 해요.
(변AB = 변AC)

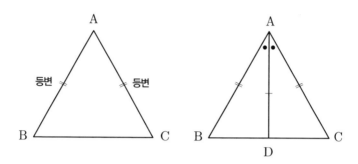

길이가 같은 변을 **등변**이라고 해요. 꼭짓점 A를 이등분하는 선을 그려서 밑변과 만나는 점을 D라고 해요.

변AB와 변AC의 길이가 같고 ∠BAD와 ∠CAD는 ∠A를 이등분하였으므로 각의 크기가 같아요. 변AD는 공통으로 가지는 변이므로 △ABD와 △ACD는 두 변의 길이가 같고 그 사이각의 크기가 같은 합동이 돼요.

그래서 두 밑각의 크기가 같아요. (∠ABC = ∠ACB)

변AD가 밑변BC를 수직이등분하게 돼요. 그래서 거꾸로 두 밑각의 크기가 같은 삼각형은 이등변삼각형이 되어요.

직각삼각형

한 각이 직각인 (∠B＝90도) 삼각형을 **직각삼각형**이라고 해요.

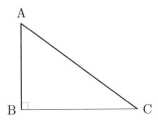

삼각형의 내각의 합이 $180°$ 이니 한 각이 직각이면 나머지 두 각의 합은 $90°$ 가 돼요.

직각이등변삼각형

두 변의 길이가 같고(변AB＝변AC) 한 각이 직각인 (∠A＝90도) 삼각형을 **직각이등변삼각형**이라고 해요.

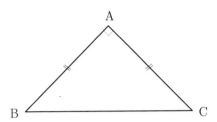

삼각형의 내각의 합은 $180°$인데 $\angle A=90°$이고 이등변삼각형은 두 밑각의 크기가 같으므로 두 밑각의 크기는 $45°$가 돼요.($\angle ABC = \angle ACB = 45°$) 두각의 크기가 각각 $45°$인 삼각형은 곧 직각이등변삼각형이에요.

정삼각형

세 변의 길이가 같은 삼각형을 정삼각형이라고 해요.
(변AB = 변BC = 변CA)

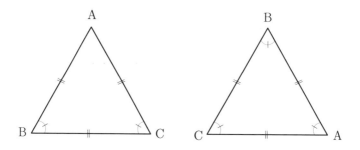

정삼각형도 이등변삼각형 중 하나예요. 그래서 두 밑각의 크기가 같아요. 어느 변을 등변으로 하든 두 밑각의 크기가 같아야 하므로 세 각의 크기가 $60°$로 같아요. 한 각의 크기가 $60°$인 이등변삼각형은 곧 정삼각형이지요.

예제 다음 문제를 풀어보아요.

1. 다음 삼각형은 변AB=변AC인 삼각형일 때 ∠x와 ∠y를 구해 보세요.

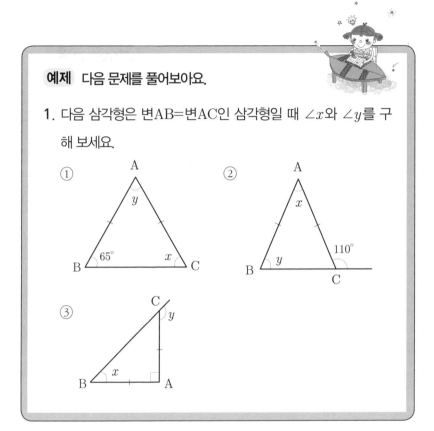

답 196쪽

97

다음 모양을 만들려면 어떤 조각들이 필요한가요?

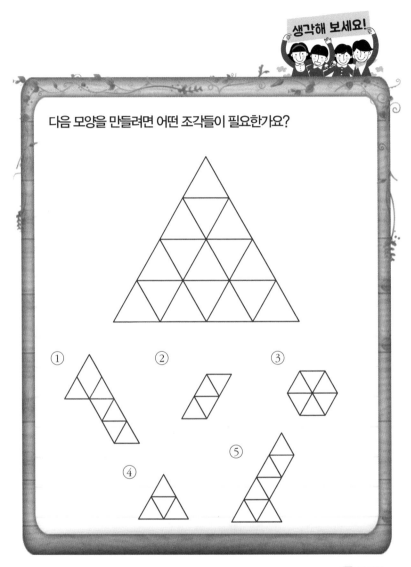

답 196쪽

98

💡 재미있는이야기 : 피타고라스의 정리? 구고현의 정리!

긴 끈 하나면 직각을 만들 수 있어요. 일정한 간격으로 끈에 매듭 12개를 만들어요. 처음 매듭을 발로 고정한 후 4번째 매듭과 7번째 매듭을 잡아당기면 끈이 직각삼각형 모양이 됩니다.

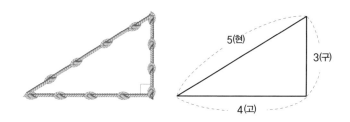

옛날 사람들은 이걸 경험으로 알고 있었어요. 이집트나 메소포타미아에서도 건물을 짓는 데 이런 원리를 사용했어요. 서양에서 이 원리를 제대로 정리한 사람은 피타고라스라는 그리스의 수학자였어요. 그래서 **피타코라스의 정리**로 알려졌어요. 하지만 삼각형의 세 변의 길이를 3, 4, 5로 하면 직각이 된다는 건 동양에서도 오래전부터 알고 있었어요. 동양에서는 **구고현의 정리**라고 불렀으며 불국사나 석굴암을 지을 때 이 원리를 이용했어요. 피타고라스의 정리보다 500년 정도 앞서서 쓰여진 중국 책에 구고현의 정리가 들어 있어요.

삼각형의 닮음

선생님께서 광석이에게 1m자를 주면서 운동장에 있는 나무의 크기를 재어오라고 했어요. 나무는 광석이 키보다 훨씬 큰데 어떻게 1m자로 나무의 높이를 잴 수 있을까요?

그리스의 수학자인 탈레스의 일화를 안다면 이 문제는 바로 풀 수 있을 거예요. 탈레스가 이집트로 장사를 하러 갔다가 막대기로 피라미드의 높이를 잰 일화가 있어요. 지금부터 탈레스가 어떤 방법으로 쟀는지 알아볼까요?

먼저 나무의 그림자 끝을 표시해요. 그리고 1m자의 그림자를 나무의 그림자와 맞추어요. 그림으로 표현하면 다음과 같아요.

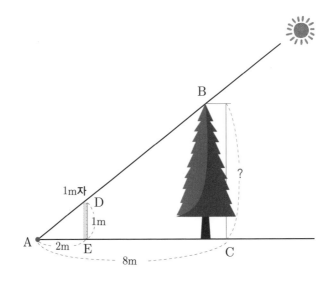

그림자 끝을 꼭짓점 A로 하는 삼각형이 2개 만들어졌어요. △ABC와 △ADE는 ∠ACB와 ∠AED가 90°인 직각삼각형이에요. ∠A는 공통으로 가진 각이므로 △ABC와 △ADE는 세 각의 크기가 같은 삼각형이군요. 그런데 크기가 달라요. 이런 관계를 닮음이라고 했어요. 닮음이란 모양은 같은데 크기만 달라진 것을 말해요. 크기만 2배, 3배와 같은 식으로 변하기 때문에 각 대응하는 변의 비율이 같아야 해요. 변DE와 변AC의 길이의 비가 변DE와 변BC의 길이의 비와 같으므로 비례식으로 풀면 돼요.

$$변AE : 변AC = 변DE : 변BC$$

변BC를 x로 놓으면

$$2 : 8 = 1 : x$$

외항의 곱과 내항의 곱은 같으므로

$$8 \times 1 = 2 \times x$$
$$따라서\ x = 4$$

운동장 나무의 크기는 4m가 되는군요. 이런 식으로 탈레스는 피라미드의 높이를 잰 거랍니다.

서로 닮음인 삼각형은 대응하는 세 변의 길이의 비율이 같은데 이 비율을 특별히 **닮음비**라고 해요.

앞에서 삼각형의 합동조건을 봤듯이 닮음에도 조건이 필요해요.

1m자로 했던 나무 키재기처럼 두 각의 크기가 같으면 닮음이에요.

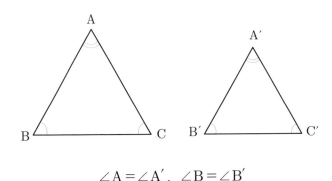

$$\angle A = \angle A', \ \angle B = \angle B'$$

삼각형 세 내각의 합이 $180°$이니 두 각의 크기가 같으면 나머지 한 각의 크기는 자동으로 같아지지요. 세 각의 크기가 같으면 닮음 관계가 형성돼요. 하지만 대응하는 두 각의 크기가 같을 때는 닮음이지만 닮음비까지는 알 수가 없어요. 닮음비를 알려면 대응하는 변의 길이의 비를 꼭 알아야겠죠?

합동 조건에 세 변의 길이가 같음이 있었으니 세 변의 길이 관계를 살펴볼까요?

그림에서 보듯이 대응하는 세 변의 길이의 비가 같으면 두 삼각형은 서로 닮음이에요.

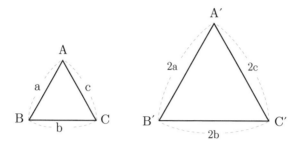

$$변AB : 변A'B' = 변BC : 변B'C' = 변CA : 변C'A'$$

그림에서 보듯이 대응하는 두 변의 길이의 비가 같고 그 사이에 끼인 각의 크기가 같으면 두 삼각형은 서로 닮음이 돼요.

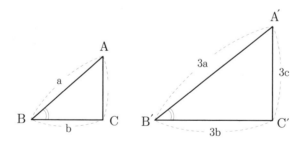

$$\angle B = \angle B', \ 변AB : 변A'B' = 변BC : 변B'C'$$

닮음은 일상생활에서도 많이 이용돼요. 지도의 축척은 실제 길이를 닮음비만큼 줄인 것임으로, 지도를 보면 1 : 50000으로 표시되어 있거나 아니면 50000분의 1이라고 표시되어 있어요. 건물 모형은 실제 건물을 같은 비율로 축소해서 만들어요. 실제 건물과 건물 모형은 진짜와 닮음관계예요. 도시나 나라를 작게 모형으로 만들어서 전시하기도 해요.

다음 사진은 1989년에 문을 연 벨기에 브뤼셀에 있는 미니어처 테마파크인 미니유럽이에요. 실제와 똑같은 모습으로 크기만 줄여 놓은 모습이 신기하기도 하고 재미있지요?

미니어처 테마파크인 미니유럽

닮음비를 이용해서 달과 태양의 크기를 재기도 해요.

(지구에서 태양까지의 거리는 지구에서 달까지의 거리에 비해 약 400배가 멀고 태양의 지름은 달의 지름보다 약 400배가 더 커요)

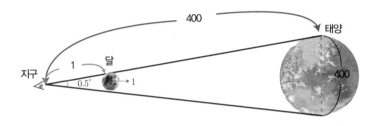

항해를 할 때도 닮음비를 이용해 거리나 위치를 알기도 해요.

예제 다음 문제를 풀어보아요.

1. 축척이 10000분의 1인 지도에서 두 지점 사이의 거리가 5cm 라면 실제 두 지점 사이의 거리는 얼마나 될까요?

2. 다음 그림에서 x, y의 길이를 구하세요.

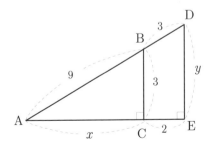

답 196쪽

사각형

네 변으로 이루어진 도형은 사각형이에요. 다음 그림에서 사각형을 찾아보세요.

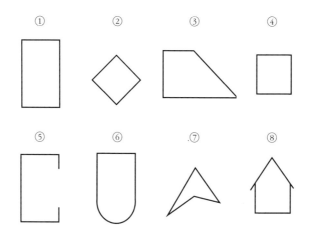

사각형은 ①, ②, ③, ④군요. ⑦도 사각형이라고요? 네 변으로 이루어져 있고 네 각을 가지고 있으므로 ⑦도 사각형이긴 해요. ⑦은 한 각이 $180°$ 이상인 오목 사각형이라고 해요. 그런데 우리가 공부하는 사각형은 네 각이 $180°$보다 작은 볼록 사각형이에요. 그래서 여기에서는 사각형으로 보지 않습니다. 사각형이 되려면 변이 끊어진 부분이 없어야 하고 곡선 부분도 없어야 해요.

사각형은 변이 4개이고 각도 4개, 꼭짓점도 4개를 가지고 있어요. □ABCD라 쓰고 사각형 ABCD라 읽어요.

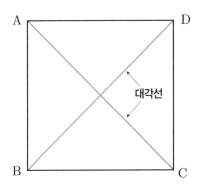

꼭짓점을 읽을 때 보통 왼쪽 위부터 시계 반대방향으로 돌아가면서 읽어요.

각은 ∠A, ∠B, ∠C, ∠D라고 쓰거나 ∠DAB, ∠ABC, ∠BCD, ∠CDA라고도 해요.

이웃해 있지 않은 꼭짓점끼리 연결하는 선을 **대각선**이라고 하며 사각형에는 2개의 대각선이 있어요(삼각형에는 대각선이 없어요. 이웃하지 않은 꼭짓점이 없기 때문이지요).

사각형의 내각과 외각

원주는 사각형의 네 각의 합이 궁금해졌어요. 그래서 사각형을 찢어서 각이 있는 쪽으로 모아서 붙였더니 그림처럼 되었어요.

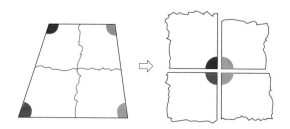

사각형의 네 각을 모아붙이니 360°라는 걸 알 수 있어요. 이 네 각을 사각형의 **내각**이라고 해요. 그런데 다각형의 내각의 합이 궁금할 때마다 모두 찢어서 각을 모아 붙여봐야만 할까요? 다각형의 내각의 합을 좀 더 간단히 알아볼 방법은 없을까요?

사각형에 대각선을 하나만 그어요.

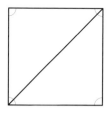

삼각형 2개가 생겼지요? 삼각형의 내각의 합은 180°인데 삼각형이 2개니까 사각형의 내각의 합은 180°×2=360°예요.

그럼 오각형의 내각의 합은 얼마가 될까요?

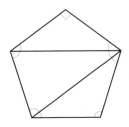

오각형에 대각선을 2개 그으면 삼각형이 3개가 생기지요? 그래서 오각형의 내각의 합은 $180°×3=540°$랍니다. 각이 많은 다각형이라도 몇 개의 삼각형으로 나누어지는지만 알면 내각의 합을 구할 수 있어요. 다각형이 몇 개의 삼각형으로 나뉘어지는지 헷갈린다고요? 좀더 쉬운 방법을 소개할게요. 다각형의 각의 수에서 2를 뺀 수가 그 다각형을 삼각형으로 나눈 개수랍니다.

사각형에도 내각과 외각이 있어요.

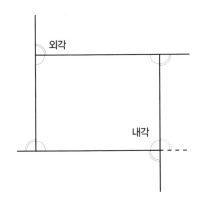

외각을 어느 쪽으로 그리든
맞꼭지각으로 크기가 같아요.

사각형의 외각과 내각의 합도 180°랍니다. 그럼 사각형의 외각의 합은 얼마일까요?. 사각형의 외각과 내각의 합이 180°인데 네 각을 모두 더하면 180°×4 = 720°가 돼요. 거기서 사각형의 내각의 합이 360°이니 빼주면 외각의 합을 구할 수 있어요.

$$720° - 360° = 360°$$

따라서 사각형의 외각의 합도 360°예요.

준규는 사각형의 종류를 보다가 눈이 휘둥그레졌어요. 사다리꼴, 평행사변형, 직사각형, 정사각형… 등 사각형의 이름이 너무 많아요. 대체 무슨 차이가 있길래 이렇게 이름이 다양한 걸까요?

사다리꼴
평행한 변이 한 쌍 있는 사각형을 **사다리꼴**이라고 해요.

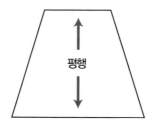

사다리처럼 생겼죠? 사다리꼴에서 평행한 변을 밑변이라고 하

는데 위의 변을 **윗변**, 아래의 변을 **아랫변**이라고 해요. 한 쌍의 변이 평행하기만 하면 어떤 모양이라도 모두 사다리꼴이지요.

등변사다리꼴

마주 보는 한 쌍의 변이 평행하고 다른 두 변의 길이가 같은 사다리꼴을 **등변사다리꼴**이라고 해요.

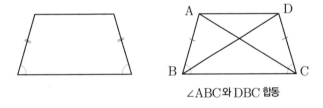

∠ABC와 DBC 합동

등변사다리꼴은 이등변삼각형에서 윗부분을 잘라낸 모양이에요. 그래서 등변사다리꼴은 밑각의 크기가 서로 같아요. 대각선을 그어보면 만들어지는 삼각형이 서로 합동이라 두 대각선의 길이도 같아요. 서로 마주 보는 각을 더하면 180°예요. 네각의 합이 360°인데 두 각씩 크기가 같으니 크기가 다른 두 각을 더하면 180°가 돼요.

평행사변형

마주 보는 두 쌍의 변이 모두 평행한 사각형은 **평행사변형**이라고 해요.

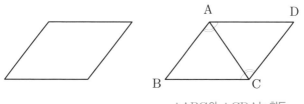

△ABC와 △CDA는 합동
한 변의 길이가 같고 양 끝각이 엇각으로 같다.

대각선을 하나 그어 보아요. △ABC와 △CDA로 나누어졌어요. 두 삼각형은 변AC의 길이가 같고 ∠DAC와 ∠BCA는 엇각으로 각의 크기가 같으며 ∠BAC와 ∠DCA의 크기도 엇각으로 같아요. △ABC와 △CDA는 모양과 크기가 같은 합동이에요. 그 말은 변AD와 변BC의 길이가 같고 변AB와 변DC의 길이가 같다는 의미지요. 그래서 평행사변형은 마주 보는 두 변의 길이가 같아요. 또한 마주 보는 각의 크기도 각각 같아요. 그래서 이웃한 두 각의 크기를 더하면 180°가 되는 걸 알 수 있어요. 거꾸로 말하면 마주 보는 두 변의 길이가 같으면 평행사변형이라고 할 수 있어요.

마름모

네 변의 길이가 모두 같은 사각형을 **마름모**라고 해요.

112

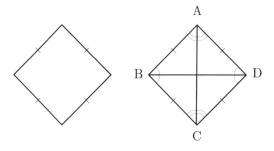

△ABD와 △CBD는 합동
△ABC와 △ADC는 합동

마주 보는 두 변의 길이가 같으니 마주 보는 두 쌍의 변이 서로 평행해요.

마주 보는 두 각의 크기도 같아요. 대각선을 그어 보면 나누어진 2개의 삼각형이 두 변의 길이가 같고 그 사이각의 크기가 같아서 서로 합동이란 걸 알 수 있어요. 대각선끼리 만나서 생긴 각은 4개의 크기가 같으므로 직각이에요. 4개의 삼각형이 서로 합동이므로 대각선은 서로를 이등분하게 되지요. 두 대각선이 서로를 이등분하면 마름모라고 할 수 있어요.

직사각형

마주 보는 두 쌍의 변이 모두 평행하면서 네 각이 모두 직각인 사각형을 **직사각형**이라고 해요.

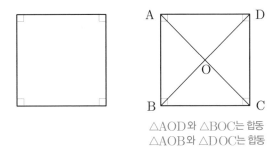

△AOD와 △BOC는 합동
△AOB와 △DOC는 합동

마주 보는 두 쌍의 변이 서로 평행해요. 그리고 마주 보는 두 각의 크기도 같아요. 네 각이 모두 직각이니까요. 대각선을 그으면 △ABC와 △ADC는 두 변의 길이가 같고 그 사이각의 크기가 같아서 합동이에요. 대각선 2개를 그어 보면 마주 보는 삼각형끼리 서로 합동인 걸 알 수 있어요. 그래서 두 대각선의 길이가 같아요. 거꾸로 두 대각선의 길이가 같으면 직사각형이라고 할 수 있어요.

정사각형

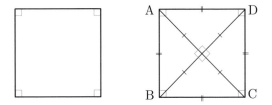

네 각이 모두 직각이고 네 변의 길이가 모두 같은 사각형을 **정사각형**이라고 해요.

마주 보는 두 쌍의 변이 서로 평행하고 네 각이 모두 직각으로 같으며 대각선을 그으면 두 대각선의 길이도 같아요. 또한 두 대각선으로 나누어진 삼각형 4개가 합동이에요. 그래서 두 대각선이 수직으로 만나면서 서로를 이등분해요.

사각형들의 특징을 살펴보면서 이상한 점이 없었나요? 맞아요. 특징이 서로 겹치기도 하고 그랬죠? 정사각형을 다시 살펴볼까요?

정사각형은 네 각이 직각이라 직사각형이기도 하고 마주 보는 두 쌍의 변이 평행해서 평행사변형이기도 하고 네 변의 길이가 같아서 마름모이기도 해요. 그래서 모두의 성질을 가지고 있어요. 직사각형은 두 쌍의 변이 평행이라 평행사변형이지만 네 변의 길이가 같지 않아서 마름모는 아니에요. 마름모는 두 쌍의 변이 평행이라 평행사변형이기는 하지만 네 각이 직각이 아니라서 직사각형은 아니에요.

이렇게 사각형들이 서로 얽힌 관계를 그림으로 나타내면 다음과 같아요.

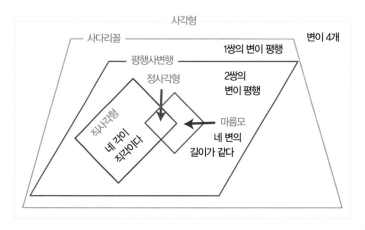

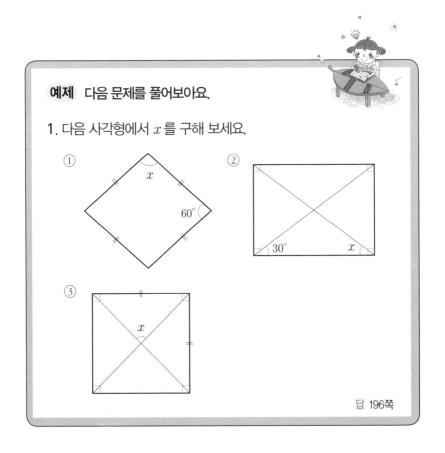

예제 다음 문제를 풀어보아요.

1. 다음 사각형에서 x를 구해 보세요.

① x / $60°$

② $30°$ / x

③ x

답 196쪽

다각형

삼각형과 사각형을 통해서 다각형의 성질을 알 수 있어요. 세 변으로 이루어진 도형은 삼각형, 네 변으로 이루어진 도형은 사각형, 변이 5개로 이루어진 도형은 오각형 등 이렇게 3개 이상의 변으로 이루어진 도형을 **다각형**이라고 해요.

다각형의 이름은 곧 변의 개수가 돼요. n개의 변으로 이루어진 도형은 n각형으로 각의 개수도 n개, 꼭짓점의 개수도 n개입니다.

　지금까지 삼각형과 사각형을 통해서 내각의 합을 구하는 방법을 알아보았어요.

　삼각형의 내각의 합은 $180°$, 사각형의 내각의 합은 $360°$였어요. 그럼 오각형의 내각의 합은 얼마일까요? 그렇죠. $540°$였어요. 그러면 n각형의 내각의 합은 어떻게 구할까요?

　삼각형으로 나누면 n각형은 $n-2$개의 삼각형으로 나누어져요. 그렇다면 n각형의 내각의 합은 $180°×(n-2)$가 되지요.

　그러면 n각형의 외각의 합도 알 수 있을까요?

　모든 내각과 외각의 합에서 내각의 합을 빼면 n각형의 외각의 합도 구할 수 있어요.

$$180°×n - 180°×(n-2)$$
$$=180°×(n-n+2)$$
$$=180°×2=360°$$

　n각형의 외각의 합은 언제나 $360°$가 되는군요.

　다각형의 내각의 합과 외각의 합을 구하는 방법을 이용해서 정다각형의 한 내각의 크기를 알 수 있어요.

　정다각형은 모든 변의 길이가 같고, 모든 내각의 크기가 같은 다각형이에요. 정n각형이라고도 하지요.

n각형의 내각의 합은 $180° \times (n-2)$였어요. 그러면 정삼각형의 한 내각의 크기를 구해 볼까요?

정삼각형의 한 내각의 크기는 전체 내각의 합인 $180° \times (n-2)$를 3으로 나누면 돼요. $180° \times (3-2) \div 3 = 60°$군요.

그럼 정오각형의 한 내각의 크기를 구해 보아요.

$$180° \times (5-2) \div 5 = 540° \div 5 = 108°$$

한 내각의 크기가 $108°$군요. 그러면 정n각형의 한 내각의 크기는 어떻게 구하면 될까요?

정n각형의 한 내각의 크기 $= 180° \times (n-2) \div n$

이렇게 n을 사용하면 여러 가지를 한 번에 나타낼 수 있어요.

예제 다음 문제를 풀어보아요.

1. 다음 주어진 다각형의 내각의 합을 구하세요.

① 칠각형　　② 십이각형　　③이십각형

2. 다음 주어진 다각형의 외각의 합을 구하세요.

① 육각형　　② 팔각형　　③십육각형

답 196쪽

오늘 밤 루팡은 세계 최대의 금고에서 멋진 루비반지를 훔칠 예정입니다. 그런데 장애물이 있는 칸을 꼭 뛰어넘어야만 금고까지 갈 수 있어요. 그런데 숨겨진 장애물이 있네요. 어디에 어떤 모양의 장애물이 숨겨져 있나요? (장애물은 가로 · 세로 · 대각선으로 넘을 수 있고, 모양은 규칙적이에요.)

![아이콘] 원

　시골에 놀러간 하은이는 넓은 들판에서 동그란 구멍이 여러 개
뚫려 있는 커다란 돌들을 보았어요. 하은이는 누가 왜 돌에 구멍
을 뚫었을까 궁금해졌어요.

　하은이가 본 커다란 돌들은 옛날 사람들이 하늘에 제사를 드릴
때 사용하거나 죽은 사람을 묻었던 고인돌이에요. 구멍은 태양이
나 별을 의미한다고 해요. 옛날 사람들은 태양을 신처럼 생각해
태양을 상징하는 원을 그리고 신성시했어요. 그러다 보니 자연스
럽게 원에 대한 연구를 많이 하게 되었지요.

　바닥에 원을 한 번 그려 볼까요?

　동그랗고 예쁜 원이 아니라 자꾸 찌그러지나요? 그렇다면 서 있
는 친구 손을 잡고 혼자 빙 돌면서 그려 봐요. 이번엔 제대로 그
려질 거예요.

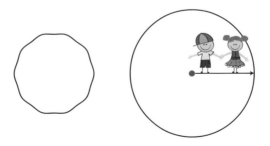

원을 제대로 그리려면 한 점으로부터 일정한 거리를 유지하면서 한바퀴 돌아야 해요. 즉 **원**은 한 점에서 같은 거리에 있는 점들이 모여서 이루어진 도형이지요. 기준이 되는 점을 **원의 중심**이라고 해요.

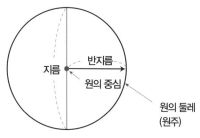

원의 중심에서 원의 둘레까지의 거리를 **반지름**이라고 해요. 원의 둘레는 바깥에 그려진 곡선을 말해요. 원둘레는 **원주**라고도 해요. 원을 지나는 직선 중 원의 중심을 지나면서 가장 긴 직선을 **지름**이라고 해요.

준규는 한강공원으로 자전거를 타러 갔어요. 자전거 대여소의 자전거마다 바퀴의 크기가 달랐어요. 어떤 자전거를 타야 발을 굴릴 때마다 가장 멀리까지 갈 수 있을까요?

자전거의 바퀴 모양도 원이에요. 자전거가 한 바퀴 돌면서 움직인 거리는 곧 원둘레의 길이와 같아요. 그럼 원주를 구해 보아요.

바퀴의 원주를 구하는 가장 쉬운 방법은 직접 줄자를 들고 바퀴 둘레를 재어 보는 거예요. 하지만 모든 원의 원주를 직접 재어볼 수는 없으니 수학적으로 생각해 보아요.

우리가 둘레의 길이를 알 수 있는 도형과 비교해 볼까요?

원의 지름과 한 변의 길이가 같은 정사
각형과 원의 지름과 대각선의 길이가 같
은 정육각형을 원과 겹쳐 놓아요.

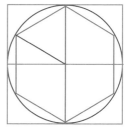

정사각형처럼 원의 바깥에 딱 겹쳐지는
것을 원에 **외접**한다고 해요. 정육각형처
럼 원의 안쪽에 딱 겹쳐지는 것을 원에 **내접**한다고 해요.

둘레의 길이를 비교해 보면 정사각형의 둘레의 길이보다 원주
가 작고 정육각형의 둘레의 길이보다 원주가 커요. 원의 지름을
a로 놓으면 정사각형의 둘레는 $4a$이고 정육각형의 둘레는 $3a$가
돼요. 그래서 원의 둘레는 다음과 같아요.

$$3a < 원주 < 4a$$

아르키메데스는 이 방법을 더욱 발전시켜서 96각형을 원에 내
접, 외접시켜서 원주를 계산했는데 다음과 같아요.

$$지름 \times 3.1408 < 원주 < 지름 \times 3.1428$$

즉 원주는 지름의 3.1408~3.1428배 사이라는 거지요. 이 원주
가 지름의 몇 배인지를 나타내는 수를 **원주율**이라고 해요. 기호로
는 'π'(파이)라고 해요.

원주율 = 원주 ÷ 지름

오랜 시간 동안 많은 수학자들이 정확한 원주율을 알고 싶어 했고 원주율을 정확히 알기 위해서 수없이 계산하고 수퍼컴퓨터까지 동원했지만, 반복이 없는 끝없이 이어지는 수라는 사실을 알게 되었어요. 그래서 보통 원주율을 3.14로 설명해요.

원주율＝원주÷지름인 것을 알았어요. 바퀴의 원주를 구하려면 식을 바꿔야 해요.

$$원주 = 원주율 \times 지름 = 3.14 \times 지름$$

만약 바퀴의 지름이 20cm인 (가) 자전거와 30cm인 (나) 자전거가 있다면 두 자전거 바퀴의 원주를 계산하면 (가)자전거 원주는 20×3.14＝62.8cm이고 (나) 자전거 원주는 30×3.14＝94.2cm로 한 번 바퀴를 굴렸을 때 (나) 자전거가 더 멀리 갈 수 있어요. 이처럼 원의 지름이 커지면 원주도 커져요.

효주는 금색 종이띠 50cm로 금관을 만들었더니 3cm가 남았어요. 만든 금관을 머리에 썼더니 딱 맞는다면 머리를 동그란 원으로 가정할 때 지름이 얼마나 될까요?

우리는 원주＝원주율×지름＝3.14×지름이라는 걸 알고 있어요. 그런데 원주를 가지고 지름을 구하려면 식을 바꿔야 해요.

$$지름 = 원주 \div 원주율 = 원주 \div 3.14$$

50cm로 금관을 만들고 3cm 남았으니 금관의 원주는 47cm 예요.

$$47÷3.14=14.968\cdots≒15$$

효주 머리의 지름은 약 15cm에요.

원의 공식

지름＝반지름×2

원주율＝원주÷지름

원주＝원주율×지름＝3.14×지름

지름＝원주÷원주율＝원주÷3.14

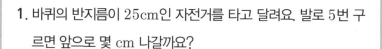

예제 다음 문제를 풀어보아요.

1. 바퀴의 반지름이 25cm인 자전거를 타고 달려요. 발로 5번 구르면 앞으로 몇 cm 나갈까요?

답 197쪽

부채꼴

피자를 사러 간 서현이는 피자 사이즈가 피자의 지름을 의미한 다는 걸 알게 되었어요. 지름 33cm인 피자를 8쪽으로 나눈 뒤 그 중 한 조각을 먹던 서현이는 남은 피자의 둘레의 길이가 궁금해졌 어요. 어떻게 구하면 될까요?

원둘레는 피자의 지름만 알면 구할 수 있어요. 그럼 잘린 피자의 둘레는 어떻게 구할까요?

먼저 8조각에서 1조각을 뺀 피자의 모양을 볼까요? 이렇게 원 에서 잘라낸 모양을 **부채꼴**이라고 해요.

부채꼴의 두 직선의 길이는 반지름과 같아요. 그리고 부채꼴의 두 직선 사이의 각을 **중심각**이라고 해요. 부채꼴의 곡선 부분은 **호**라고 해요.

이번에는 두 부채꼴을 비교해 보아요. 부채꼴의 중심각이 크면 호의 길이도 길고 부채꼴의 중심각이 작으면 호의 길이도 작아요.

원의 지름을 따라 자르면 반원이 돼요. 그렇다면 반원의 호의 길이는 얼마일까요?

$$원주 = 원주율 \times 지름 = 3.14 \times 지름$$

그런데 반원은 원의 반이니까 반원의 호의 길이는 $\frac{1}{2} \times 3.14 \times$ 지름이 되겠지요.

중심각의 변화로 살펴보면 원의 중심각은 $360°$이므로 반원의 중심각은 $180°$로 $\frac{1}{2}$ 이 돼요. 그러면 8조각으로 똑같이 나눈 피자한 조각의 중심각의 크기는 $360° \div 8 = 45°$예요. 따라서 피자 한 조각의 호의 길이는

$$3.14 \times 지름 \times \frac{45}{360} = 3.14 \times 33 \times \frac{1}{8} = 12.9525$$

약 13cm가 돼요. 식으로 정리하면 다음과 같아요.

$$\textbf{부채꼴의 호의 길이} = \textbf{원주율} \times \textbf{지름} \times \frac{\textbf{(중심각의 크기)}}{(360°)}$$

이 식을 이용하여 남은 피자의 호의 길이를 구해 보아요.

$$3.14 \times 33 \times \frac{315}{360} = 90.6675$$

소수 첫째 자리에서 반올림하면 약 91cm지요.

남은 피자의 둘레의 길이는 부채꼴 호의 길이에 반지름×2를 더한 값이에요. 반지름이 주어질 때 호의 길이를 구하려면

$$부채꼴의 호의 길이 = 원주율 \times 반지름 \times 2 \times \frac{(중심각의 크기)}{(360°)}$$

이 식으로 구하면 돼요. 만약 중심각의 크기가 같다면 반지름이 큰 부채꼴의 호의 길이가 더 커요.

예제 다음 문제를 풀어보아요.

1. 주어진 부채꼴의 호의 길이를 구해 보세요.

　① 중심각 120°, 지름 9cm인 부채꼴

　② 중심각 60°, 반지름 12cm인 부채꼴

　③ 중심각 90°, 지름 40cm인 부채꼴

2. 다음 도형의 색칠한 부분의 둘레의 길이를 구해 보세요.

①
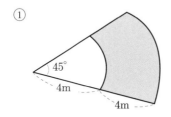

②
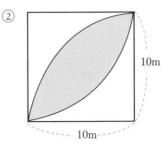

답 197쪽

평면도형의 넓이

도형의 둘레

왕은 땅의 크기에 따라 세금을 걷기로 했어요. 그런데 땅의 모양이 일정하지 않았어요. 그래서 어떻게 땅의 크기를 비교해야 할지 몰랐어요. 땅의 둘레의 길이로 하자니 공평해 보이지 않았어요. 땅의 크기를 비교할 좋은 방법이 없을까요?

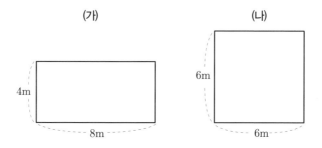

먼저 (가)와 (나)의 땅의 둘레의 길이를 구해 보아요.

(가)의 둘레의 길이=4+8+4+8=(4+8)×2=24m

(나)의 둘레의 길이=6+6+6+6=6×4=24m

(가)와 (나)의 둘레의 길이가 같아요. (가)는 직사각형 모양의 땅이고 (나)는 정사각형 모양의 땅이에요.

128

직사각형과 정사각형의 둘레의 길이 구하는 방법을 정리하면
다음과 같아요.

$$직사각형의\ 둘레의\ 길이=(가로+세로)\times2$$
$$정사각형의\ 둘레의\ 길이=한\ 변의\ 길이\times4$$

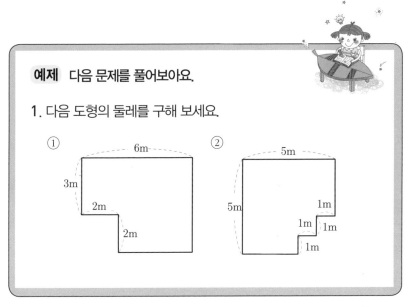

답 197쪽

다각형의 넓이

둘레의 길이가 같으면 땅의 크기가 같을까요? 그림으로 비교해
보아요.

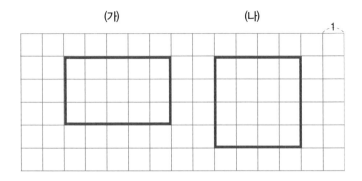

(가)와 (나)는 둘레의 길이가 16으로 같아요. 그런데 차지하고 있는 공간을 비교해 보면 달라요. 똑같은 크기의 칸이 몇 개가 들어가는지 비교해 보면 (가)에는 15칸, (나)에는 16칸이 들어가요. (나)가 (가)보다 1칸만큼 더 커요.

땅의 크기를 **넓이**라고 해요. 땅의 크기를 비교하기 위해 일정한 크기의 칸처럼 단위넓이를 정해야 해요. 단위넓이는 가로, 세로 길이가 같은 정사각형을 기본으로 해요.

단위넓이

$1\text{m} \times 1\text{m} = 1\text{m}^2$(제곱미터)

$1\text{cm} \times 1\text{cm} = 1\text{cm}^2$(제곱센티미터)

$1\text{km} \times 1\text{km} = 1\text{km}^2$(제곱킬로미터)

이 단위넓이를 이용하여 다각형의 넓이를 알아보아요.

$$1\mathrm{m}^2 = 1\mathrm{m} \times 1\mathrm{m} = 100\mathrm{cm} \times 100\mathrm{cm} = 10000\mathrm{cm}^2$$

$$1\mathrm{km}^2 = 1\mathrm{km} \times 1\mathrm{km} = 1000\mathrm{m} \times 1000\mathrm{cm} = 1000000\mathrm{m}^2$$

$$1\mathrm{cm}^2 = 1\mathrm{cm} \times 1\mathrm{cm} = 10\mathrm{mm} \times 10\mathrm{mm} = 100\mathrm{mm}^2$$

넓이를 구하기 전에 먼저 용어를 약속해야 해요.

다각형의 어느 한 변을 **밑변**이라고 해요. 그리고 그 밑변에서 도형의 가장 높은 곳까지 수직으로 선을 긋고 그 선의 길이를 **높이**라고 해요.

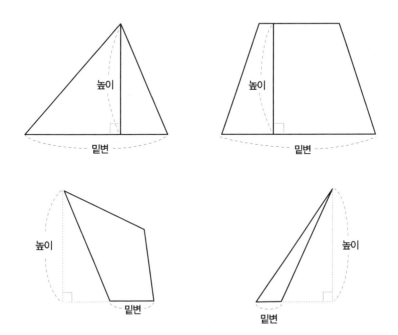

어느 변을 밑변으로 잡느냐에 따라 높이는 달라져요. 높이를 정할 때 밑변에 직각으로 선을 그어야 한다는 것, 꼭 기억하세요.

그리고 직사각형이나 정사각형은 밑변과 높이라고 하지 않고 가로와 세로로 이야기해요. 이미 네 각이 직각이니까요.

직사각형의 넓이

둘레가 같은 (가)와 (나)땅 중에서 어느 땅이 더 넓은지 알아보아요.

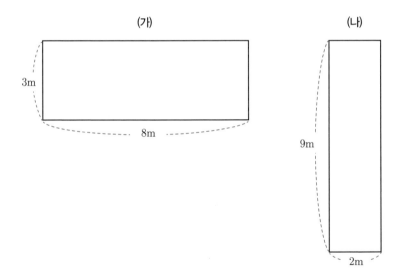

단위넓이 1m²로 (가)와 (나)땅의 넓이를 비교해 보아요.

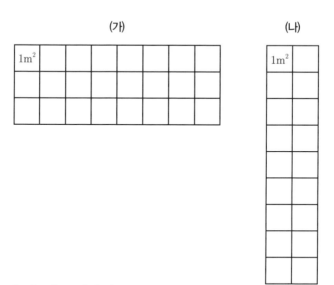

1m²가 몇 개 들어갈까요?

(가)땅 −가로 8m, 세로 3m이므로 가로 8개, 세로 3개씩

(나)땅 −가로 2m, 세로 9m이므로 가로 2개, 세로 9개씩

(가)＝8×3＝24m²

(나)＝2×9＝18m²

(가)는 1m²가 24개 들어가고 (나)는 1m²가 18개 들어가므로
(가)가 (나)보다 6m²만큼 더 넓어요.

직사각형의 넓이는 가로와 세로에 1m²가 몇 개씩 들어가는지
세어서 곱해 주면 돼요.

직사각형의 넓이＝가로× 세로

답 198쪽

정사각형의 넓이

바둑을 두던 보검이는 바둑판의 크기가 궁금해졌어요. 그래서 가로 420mm, 세로 420mm인 바둑판의 크기를 단위 cm²로 알아 보려고 해요.

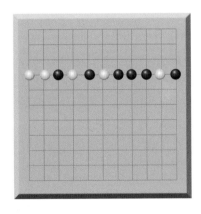

가로와 세로의 길이가 같은 바둑판은 정사각형이에요. 직사각형의 넓이 구하는 방법을 이용하여 정사각형의 넓이를 구해 보세요.

직사각형의 넓이＝가로×세로
$$＝420mm×420mm$$
$$＝42cm×42cm$$
$$＝1764cm^2$$

보검이가 사용하는 바둑판의 넓이는 $1764cm^2$군요. 정사각형은 가로와 세로의 길이가 같기 때문에 식을 다르게 세울 수 있어요.

정사각형의 넓이＝한 변의 길이×한 변의 길이＝(한 변의 길이)^2

하은이는 할아버지의 밭의 넓이가 궁금해졌어요. 밭에는 너비 1m인 길이 나 있어요. 길을 뺀 밭의 넓이를 어떻게 구하면 될까요?

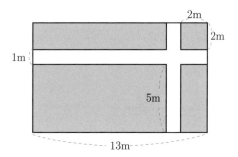

길을 뺀 밭의 넓이를 구하는 방법은 여러 가지가 있어요.

전체 밭의 넓이에서 길의 넓이를 빼는 방법과 조각난 밭 4개를 붙여서 구하는 방법이 있어요.

전체 밭의 넓이에서 길의 넓이를 빼는 방법부터 볼까요?

먼저 밭의 가로와 세로를 구해요.

가로 13m, 세로 2m+1m+5m=8m로 하면

$$\text{전체 밭의 넓이} = 13\text{m} \times 8\text{m} = 104\text{m}^2$$

길의 넓이는 길을 4개로 잘라서 각각의 넓이를 구한 후 더하는 방법과 2개의 길을 구한 후 겹치는 부분을 빼는 방법이 있어요. 가로와 세로의 길의 넓이를 구한 후 겹치는 부분을 빼는 방법으로 구하면 다음과 같아요.

$$\text{길의 넓이} = 13\text{m} \times 1\text{m} + 8\text{m} \times 1\text{m} - 1\text{m} \times 1\text{m}$$
$$= 13\text{m}^2 + 8\text{m}^2 - 1\text{m}^2 = 20\text{m}^2$$

$$\text{길을 뺀 밭의 넓이} = 104\text{m}^2 - 20\text{m}^2$$
$$= 84\text{m}^2$$

조각난 밭 4개를 모으는 방법은 조각난 밭 4개의 넓이를 따로 구해서 더하는 방법과 길을 뺀 길이만으로 넓이를 구하는 방법이 있어요.

조각난 밭 4개의 넓이 $= 2\times10+2\times2+5\times10+5\times2$

$$= 20+4+50+10$$

$$= 84\mathrm{m}^2$$

길을 뺀 조각난 밭을 모은 넓이 $= 7\times12$

$$= 84\mathrm{m}^2$$

할아버지 밭의 넓이는 $84\mathrm{m}^2$예요. 예제를 통해서 직사각형과 정사각형의 넓이 구하는 방법을 더 연습해 보아요.

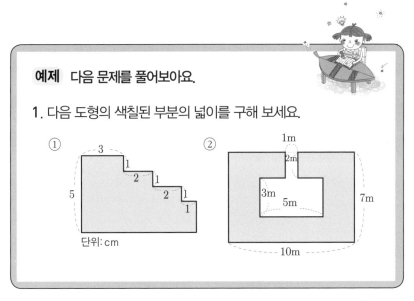

예제 다음 문제를 풀어보아요.

1. 다음 도형의 색칠된 부분의 넓이를 구해 보세요.

답 198쪽

평행사변형의 넓이

원웅이는 박스를 가지고 직사각형을 만들었어요. 가로와 세로의 길이를 재는 데 원주가 건드리는 바람에 모양이 기울어졌어요. 기울어진 박스의 넓이는 어떻게 구할까요?

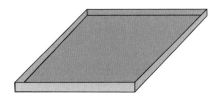

직사각형이 기울어져서 평행사변형이 되었어요. 평행사변형의 넓이는 어떻게 구할까요? 단위넓이 1m²짜리로 알아보아요. 단위넓이 1m²짜리가 몇 개가 되나요? 11개 정도 되는군요. 1m²가 되도록 삼각형 모양을 모아 보아요.

헷갈리지요? 그러면 오른쪽 삼각형 모양을 잘라서 왼쪽 삼각형 부분으로 옮겨보아요.

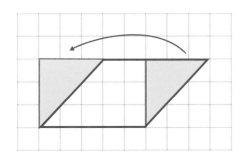

평행사변형이 직사각형으로 변했어요. 이제 넓이 구하기가 쉬워졌어요. 가로로 5칸, 세로로 3칸이므로 가로×세로로 계산하면 돼요. 그럼 이것을 평행사변형 넓이 구하는 식으로 바꾸어 보세요. 가로를 밑변으로 하고 세로는 수직으로 선을 하나 그은 셈이므로 높이라고 해요.

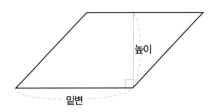

평행사변형의 넓이 = 밑변 × 높이

다음 평행사변형의 넓이를 구해 보세요.

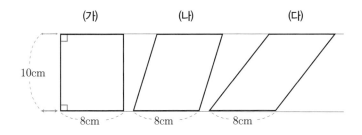

(가), (나), (다) 모두 밑변은 8cm, 높이는 10cm예요.

(가)의 넓이=8cm×10cm

(나)의 넓이=8cm×10cm

(다)의 넓이=8cm×10cm

밑변과 높이가 같으면 어떠한 모양의 평행사변형이라도 넓이는 같아요.

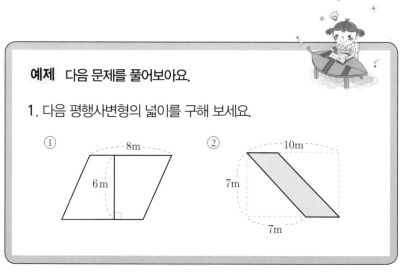

예제 다음 문제를 풀어보아요.

1. 다음 평행사변형의 넓이를 구해 보세요.

답 198쪽

삼각형의 넓이

색종이로 비행기를 만들고 남은 자투리가 삼각형이에요. 이 삼각형의 넓이는 어떻게 구할까요?

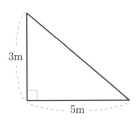

삼각형의 밑변과 높이를 알면 넓이를 구할 수 있을까요? 확인해 보기 위해서 합동인 삼각형을 하나 더 그려요. 그리고 처음 삼각형과 마주 보게 놓아요.

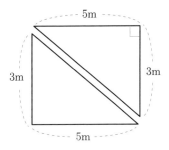

삼각형 2개가 모여서 직사각형이 되었어요. 직사각형의 넓이는 가로×세로이니 삼각형의 넓이는 직사각형의 넓이의 반이 돼요.

삼각형이 직각삼각형이 아닐 경우에는 합동인 삼각형 2개를 붙이면 평행사변형이 돼요. 삼각형의 넓이는 평행사변형의 넓이의 반이지요.

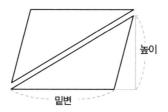

삼각형에서 한 변을 밑변으로 정하면 그 변과 마주 보는 꼭짓점에서 밑변으로 수선을 긋고 높이라고 해요.

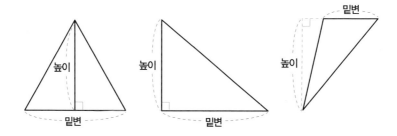

삼각형의 넓이=밑변×높이÷2

밑변과 높이가 같지만 모양이 다른 삼각형의 넓이도 평행사변형처럼 다 같을까요?

(가), (나), (다)의 넓이를 구해 보아요.

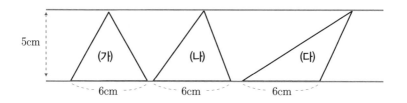

밑변 6cm, 높이 5cm이므로

$$6cm \times 5cm \div 2 = 15cm^2$$

밑변과 높이가 같으면 어떤 모양의 삼각형이라도 넓이는 같아요.

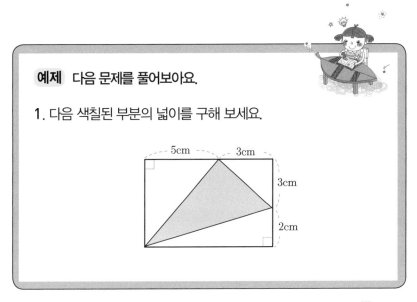

예제 다음 문제를 풀어보아요.

1. 다음 색칠된 부분의 넓이를 구해 보세요.

답 198쪽

사다리꼴의 넓이

직사각형, 평행사변형, 삼각형의 넓이 구하는 방법을 공부한 원준이는 마주 보는 한 쌍의 변이 평행한 사다리꼴의 넓이를 구하고 싶어요.

143

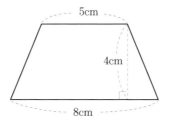

먼저 사다리꼴을 평행사변형과 삼각형으로 잘라서 따로 넓이를
계산하여 더해 보았어요.

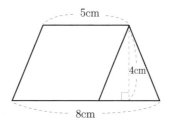

평행사변형의 넓이+삼각형의 넓이

$$=5cm×4cm+4cm×3cm÷2=26cm^2$$

다른 방법은 없을까요?

삼각형의 넓이를 구할 때처럼 합동인 사다리꼴을 그려서 붙여
보았어요.

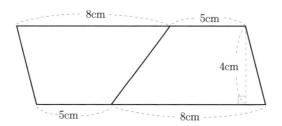

사다리꼴 2개를 붙이니 평행사변형이 되었어요. 사다리꼴의 넓이는 평행사변형의 반이에요. 평행사변형의 넓이는 밑변과 높이를 곱해야 해요. 윗변과 아랫변을 더하면 평행사변형의 밑변이 되고 거기에 높이를 곱한 후 반으로 나누면 사다리꼴의 넓이가 돼요.

평행사변형의 넓이$\div$2=(5cm +8cm)$\times$4cm$\div$2=26cm^2

사다리꼴을 삼각형 2개로 나누는 건 어떨까요?

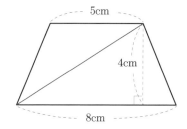

밑변이 5cm, 높이가 4cm인 삼각형과 밑변이 8cm, 높이가 4cm인 삼각형이 되었어요. 두 삼각형의 넓이를 구해서 더해 주어요.

삼각형 2개의 넓이=5cm$\times$4cm$\div$2+8cm$\times$4cm$\div$2=26cm^2

방법은 달라도 답은 같지요? 한 문제에 대해 그 푸는 방법은 여러 가지가 있어요. 그중에서 좀 더 쉽고 빠른 방법을 찾으면 돼요. 푸는 방법이 이렇게 다양하다니 수학은 신기하고 재밌죠.

사다리꼴의 넓이 구하는 방법을 식으로 정리하면 다음과 같아요.

사다리꼴의 넓이 = (윗변+아랫변)×높이÷2

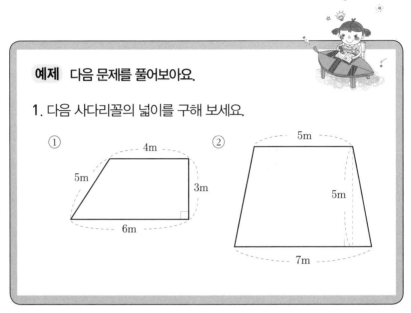

예제 다음 문제를 풀어보아요.

1. 다음 사다리꼴의 넓이를 구해 보세요.

답 198쪽

마름모의 넓이

마름모의 넓이는 어떻게 구할까요? 방법을 생각해 보아요.

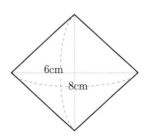

146

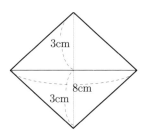

삼각형 2개로 나누어서 구해 보아요.

대각선 하나를 그으면 밑변이 8cm, 높이가 3cm인 삼각형 2개가 생겨요. 두 삼각형은 합동이므로 넓이는 한 삼각형의 넓이를 2배하면 돼요.

삼각형 2개의 넓이=2×(8cm×3cm÷2)=24cm

삼각형 4개로 나누어서 구할 수도 있어요.

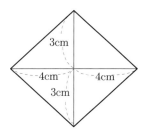

대각선 2개를 다 그으면 밑변이 4cm, 높이가 3cm인 삼각형 4개가 생겨요.

삼각형 4개의 넓이=4×(4cm×3cm÷2)=24cm²

다른 방법도 알아볼까요? 마름모를 포함하는 직사각형을 그려 보아요.

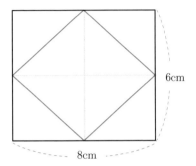

마름모의 대각선을 각각 가로와 세로로 하는 직사각형은 마름 모 넓이의 2배예요. 직사각형 넓이의 반이 마름모의 넓이가 되 지요.

직사각형 넓이÷2 = 6cm× 8cm÷2 = 24cm²

여러 가지 방법으로 마름모의 넓이를 구할 수 있어요. 마름모의 넓이를 구하는 식으로 정리하면 다음과 같아요.

마름모의 넓이=(한 대각선의 길이)×(다른 대각선의 길이)÷2

다각형의 넓이

칠교놀이로 여러 가지 모양을 만들던 서현이는 만든 모양의 넓이가 궁금해졌어요. 어떻게 넓이를 구해야 할까요?

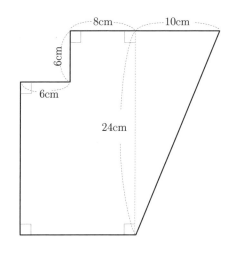

다각형의 넓이를 구하려면 그 다각형을 직사각형, 정사각형, 평행사변형, 삼각형 등으로 바꾸어서 계산해야 해요.

모양을 잘라보면 직사각형과 정사각형, 삼각형이 나와요. 직사각형에서 정사각형을 빼고 거기에 삼각형을 더하면 전체 다각형의 넓이가 되지요.

직사각형의 넓이＝ $14\text{cm}\times24\text{cm}＝336\text{cm}^2$

정사각형의 넓이＝ $6\text{cm}\times6\text{cm}＝36\text{cm}^2$

삼각형의 넓이＝ $10\text{cm}\times24\text{cm}\div2＝120\text{cm}^2$

다각형의 넓이＝직사각형 넓이＋삼각형 넓이－정사각형 넓이

$＝336\text{cm}^2＋120\text{cm}^2－36\text{cm}^2＝420\text{cm}^2$

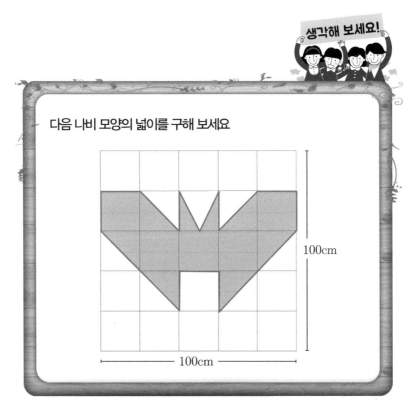

다음 나비 모양의 넓이를 구해 보세요

100cm

100cm

답 199쪽

원의 넓이

다각형의 넓이를 다 알아보았어요. 이제 평면도형에서는 원의 넓이만 알면 넓이에 대한 공부는 일단락돼요.

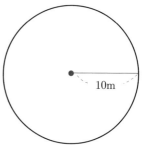

반지름이 10m인 원의 넓이는 어떻게 구할까요?

곡선 부분이라 어렵다고요? 2600년 정도 전 고대 이집트인과 바빌로니아인들도 원의 넓이를 구했다고 하니 우리도 할 수 있어요. 자, 방법을 찾아볼까요?

먼저 1m² 단위넓이로 알아보아요.

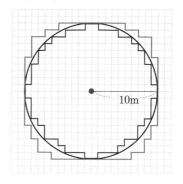

원 밖의 초록색 칸의 수는 원의 넓이보다 조금 많고 원 안의 보라색 칸의 수는 원의 넓이보다 조금 작아요.

초록색 칸 수 < 원의 넓이 < 보라색 칸 수

이 방법으로는 원의 넓이를 어림하여 알 수 있어요. 이번에는 정확하게 원의 넓이를 알기 위해 다른 방법을 찾아보아요. 마름모를 삼각형으로 잘랐듯이 원을 잘라보면 어떨까요?

원을 자르면 부채꼴 모양이 돼요. 자른 부채꼴을 서로 붙여 보아요.

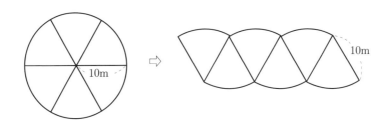

울퉁불퉁한 평행사변형처럼 보여요.
부채꼴이 더 작아지도록 원을 잘게 잘라 보아요.

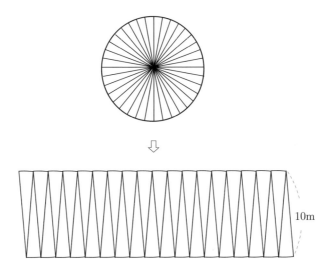

직사각형과 비슷해졌어요. 아주아주 잘게 자르면 완전 직사각

형과 같게 되겠지요? 원을 잘게 잘라서 만든 이 직사각형의 넓이로 원의 넓이를 알 수 있어요.

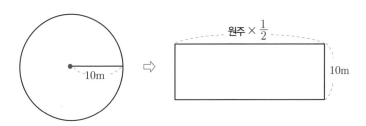

직사각형의 세로 길이는 원의 반지름이고 직사각형의 가로의 길이는 원둘레를 반으로 나눈 값이에요.

$$\text{원의 넓이} = \frac{1}{2} \times \text{원주} \times \text{반지름}$$

$$= \frac{1}{2} \times \text{지름} \times \text{원주율} \times \text{반지름}$$

$$= \text{반지름} \times \text{반지름} \times \text{원주율}$$

반지름 10m인 원의 넓이는 10m×10m×3.14=314m²군요.

이제 원의 넓이를 이용하여 다양한 모양의 넓이를 구해 볼까요?

여운이네 화단의 모양이 다음과 같아요. 꽃이 심겨진 화단의 넓이를 구해 보세요.

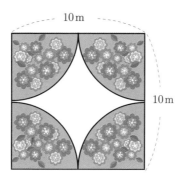

뭔가 복잡한 듯이 보이지만 반지름이 5m인 원의 넓이만 구하면 돼요. 4개로 나눈 모양을 하나로 모으면 원이 되니까요.

반지름 5m인 원의 넓이는 $5m \times 5m \times 3.14 = 78.5m^2$군요.

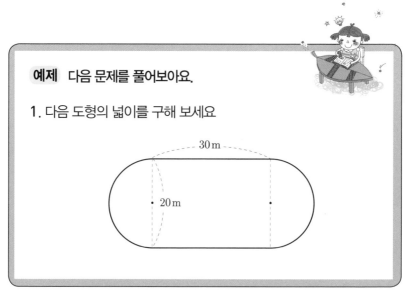

예제 다음 문제를 풀어보아요.

1. 다음 도형의 넓이를 구해 보세요

답 199쪽

부채꼴의 넓이

　석민이와 원석이는 피자를 시켜 먹었어요. 석민이가 피자의 $\frac{1}{2}$
을 먹고 원석이는 $\frac{1}{3}$을 먹었어요. 피자의 반지름이 10cm라면 석
민이가 먹은 피자의 넓이와 원석이가 먹은 피자의 넓이는 얼마인
가요? (소수점 첫째 자리까지 구해요.)

원석

석민

　석민이는 피자의 $\frac{1}{2}$를 먹었으니 반지름이 10cm인 원의 넓이의
반을 먹었어요. 원석이는 피자의 $\frac{1}{3}$을 먹었으니 반지름이 10cm
인 원의 넓이의 $\frac{1}{3}$을 먹은 셈이지요.

석민이가 먹은 피자의 넓이 $= 10\text{cm} \times 10\text{cm} \times 3.14 \times \frac{1}{2} = 157\text{cm}^2$

원석이가 먹은 피자의 넓이 $= 10\text{cm} \times 10\text{cm} \times 3.14 \times \frac{1}{3} ≒ 104.7\text{cm}^2$

　석민이는 피자 157cm²를 먹었고 원석이는 피자를 104.7cm²만

큼 먹었어요.

$$부채꼴의 \ 넓이 = 원의 \ 넓이 \times \frac{(중심각)}{(360°)}$$
$$= 반지름 \times 반지름 \times 원주율 \times \frac{(중심각)}{(360°)}$$

원의 넓이를 구할 줄 알면 부채꼴의 넓이는 쉽게 구할 수 있어요.

예제 다음 문제를 풀어보아요.

1. 예쁜 무늬의 부채를 산 여운이는 신나서 부채를 폈다 접었다 하
   다가 직각으로 편 상태와 180°로 편 상태의 부채의 넓이가 궁금
   해 졌어요. 여러분도 각각의 넓이를 구해 보세요.

답 199쪽

🎲 입체도형

평면도형 여러 개가 모여서 만들어진 도형이 **입체도형**이에요. 우리 주변에서 입체도형을 찾아볼까요?

아파트처럼 윗면과 아랫면이 평행하고 합동인 다각형으로 만들어진 도형을 **각기둥**이라고 하고 피라미드처럼 밑에 놓인 면이 다각형이고 옆면은 삼각형으로 둘러싸인 도형을 **각뿔**이라고 해요.

전봇대처럼 다각형 대신 위아래면이 원으로 된 도형을 **원기둥**, 공사장 콘같이 밑면이 원이고 옆면이 부채꼴인 도형을 **원뿔**이라고 해요.

각기둥과 각뿔

각기둥

다각형으로 만들어진 도형 중 윗면과 아랫면이 서로 평행하고 합동인 다각형을 **각기둥**이라고 해요. 다음 그림은 여러 가지 각기둥이에요.

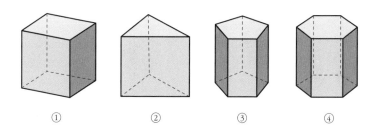

①   ②   ③   ④

각기둥에서 윗면과 아랫면, 즉 서로 평행하고 다른 면에 대해 수직인 두 면을 **밑면**이라고 해요. 밑면과 수직인 면을 **옆면**, 두 밑면 사이 거리를 **높이**라고 해요.

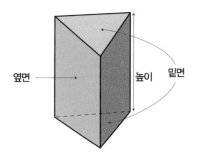

옆면   높이   밑면

각기둥은 밑면의 모양에 따라 이름을 붙여요. 밑면이 삼각형이면 **삼각기둥**(②), 밑면이 사각형이면 **사각기둥**(①), 밑면이 오각형이면 **오각기둥**(③), 밑면이 육각형이면 **육각기둥**(④)으로 불러요.

지금부터 사각기둥 중 하나인 직육면체에 대하여 알아보려고 해요.

직육면체

준규는 주사위를 굴려 보드게임을 하고 있어요. 주사위는 한 면이 정사각형으로, 여섯 면으로 이루어져 있어요. 주사위 같은 도형을 무엇이라고 할까요?

주사위처럼 정사각형 6개가 모여서 만들어진 입체도형을 **정육면체**라고 해요. 주사위와 비슷한 모양으로는 어떤 것이 있을까요? 네모 상자 모양이면 다 비슷해요.

네모 상자처럼 직사각형 모양의 면 6개로 둘러싸인 도형을 **직육면체**라고 해요.

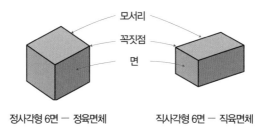

정사각형 6면 - 정육면체   직사각형 6면 - 직육면체

주사위의 숫자가 그려진 부분들을 **면**이라고 해요. 면은 선분으로 둘러싸여 있어요. 면과 면이 만나는 부분을 **모서리**라고 해요. 그리고 모서리와 모서리가 만나는 점을 **꼭짓점**이라고 해요.

입체도형은 어느 방향에서 보아도 전체가 보이지 않아요. 보이는 곳과 보이지 않는 곳이 있어요. 그래서 직육면체의 모양을 제대로 알려면 보이는 곳뿐만 아니라 보이지 않는 곳도 표현해 주어야 해요. 보이는 모서리는 실선으로 그리고 보이지 않는 모서리는 점선으로 그려서 직육면체의 모양을 나타내요. 이렇게 나타낸 그림을 **겨냥도**라고 해요.

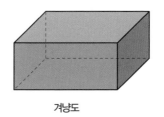

겨냥도

직육면체와 정육면체의 특징을 살펴보아요.

	면의 수	모서리의 수	꼭짓점의 수	면의 모양
정육면체	6	12	8	직사각형
직육면체	6	12	8	정사각형

정육면체를 직육면체라고 할 수 있을까요? 정사각형은 직사각형이기도 하니까 정육면체는 직육면체라고 할 수 있어요. 정육면체는 12개의 모서리의 길이가 모두 같다는 게 직육면체와 다른 특징이지요.

직육면체에서 서로 마주 보고 있는 면은 절대 만나지 않아요. 서로 평행하게 놓여 있어요. 마주 보고 있지 않은 면은 서로 만나는데 모두 수직으로 만나요.

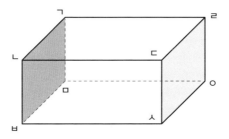

서로 평행인 면 : 면ㄱㄴㅂㅁ과 면ㄹㄷㅅㅇ,

　　　　　면ㄱㄴㄷㄹ과 면ㅁㅂㅅㅇ, 면ㄴㅂㅅㄷ과 면ㄱㅁㅇㄹ

면ㄱㄴㄷㄹ과 수직으로 만나는 면 : 면ㄱㄴㅂㅁ, 면ㄴㅂㅅㄷ,

　　　　　　　　면ㄷㄹㅅㅇ, 면ㄱㅁㅇㄹ

　상자를 뜯어서 쭉 펼쳐보아요. 펼친 상자처럼 직육면체의 모서리를 잘라서 펼친 그림을 **전개도**라고 해요.

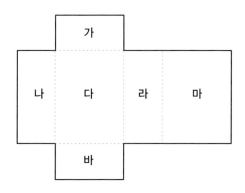

　전개도를 나타낼 때는 자른 모서리는 실선으로, 자르지 않은 모서리는 점선으로 나타내요.

　가와 바, 나와 라, 다와 마는 서로 평행이에요. 직육면체의 전개도에는 이렇게 모양과 크기가 같은 3쌍의 면이 그려져야 해요. 그리고 다와 만나는 가, 나, 바, 라는 다와 수직으로 만나는 면이에요. 전개도를 보고 직육면체의 모양을 알 수 있어요. 전개도가 제대로 그려지려면 만나는 모서리의 길이가 같아야 해요. 전개도가 제대로 그려지면 전개도로 직육면체를 만들 수 있어요.

예제 다음 문제를 풀어보아요.

1. 다음 직육면체에서 색칠한 면과 수직인 면을 모두 찾아보아요.

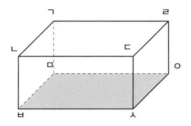

2. 다음 전개도로 주사위를 만들 때 서로 평행한 두 면의 눈의 수의 합이 7이 되도록 알맞게 눈을 그려 넣으세요.

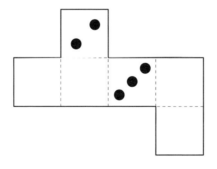

답 199쪽

각기둥의 전개도

직육면체 전개도처럼 각기둥의 모서리를 잘라서 펼친 그림을 **각기둥의 전개도**라고 해요.

여러 가지 각기둥의 전개도를 그려 보아요.

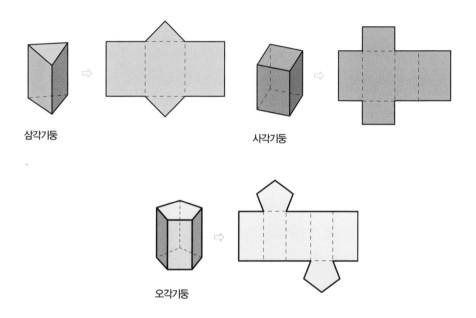

삼각기둥   사각기둥

오각기둥

삼각기둥은 옆면이 3개, 사각기둥은 옆면이 4개, 오각기둥은 옆면이 5개예요. 자른 위치에 따라 전개도의 모양은 다양해지지만 옆면의 개수는 변하지 않아요.

164

각뿔

피라미드와 같은 모양을 **각뿔**이라고 해요. 각뿔은 밑면이 다각형이고 옆면은 삼각형으로 되어 있어요. 다음 그림처럼 여러 가지 각뿔이 있어요.

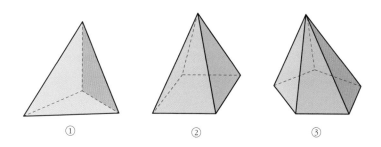

①   ②   ③

각뿔은 밑면의 모양에 따라 삼각뿔(①), 사각뿔(②), 오각뿔(③)등으로 불러요.

각뿔에도 꼭짓점과 모서리, 면이 있어요. 옆면이 모두 만나는 점을 **각뿔의 꼭짓점**이라고 해요. 이 각뿔의 꼭짓점에서 밑면에 수직으로 선분을 긋고 그 선분의 길이를 **높이**라고 해요.

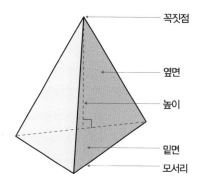

꼭짓점

옆면

높이

밑면

모서리

각뿔의 모서리를 잘라서 펼친 그림을 **각뿔의 전개도**라고 해요. 여러 가지 각뿔의 전개도를 그려 보아요.

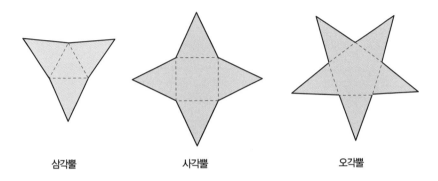

삼각뿔   사각뿔   오각뿔

삼각뿔은 옆면이 3개, 사각뿔은 옆면이 4개, 오각뿔은 옆면이 5개로 밑면인 다각형의 모서리 수만큼 옆면이 있어요.

각기둥과 각뿔의 꼭짓점, 면, 모서리의 수를 비교해 보아요.

도형	꼭짓점의 수	면의 수	모서리의 수	밑면의 모양
삼각기둥	6	5	9	삼각형
사각기둥	8	6	12	사각형
오각기둥	10	7	15	오각형
삼각뿔	4	4	6	삼각형
사각뿔	5	5	8	사각형
오각뿔	6	6	10	오각형

규칙을 찾았나요? 각기둥의 꼭짓점의 수는 밑면의 변의 수의 2배예요. 그리고 모서리의 수는 밑면의 변의 수보다 3배 많아요. 그리고 면의 수는 밑면의 변의 수에 2를 더한 값이에요.

식으로 나타내면 다음과 같아요.

> 각기둥의 꼭짓점의 수 : 밑면의 변의 수 × 2
> 모서리의 수 : 밑면의 변의 수 × 3
> 면의 수 : 밑면의 변의 수 + 2

각뿔의 꼭짓점의 수와 면의 수는 밑면의 변의 수에 1을 더한 값이고 모서리의 수는 밑면의 변의 수의 2배예요.

식으로 나타내면 다음과 같아요.

> 각뿔의 꼭짓점의 수 : 밑면의 변의 수 + 1
> 모서리의 수 : 밑면의 변의 수 × 2
> 면의 수 : 밑면의 변의 수 + 1

예제 다음 문제를 풀어보아요.

1. 전개도를 보고 어떤 입체도형인지 맞춰 보세요.

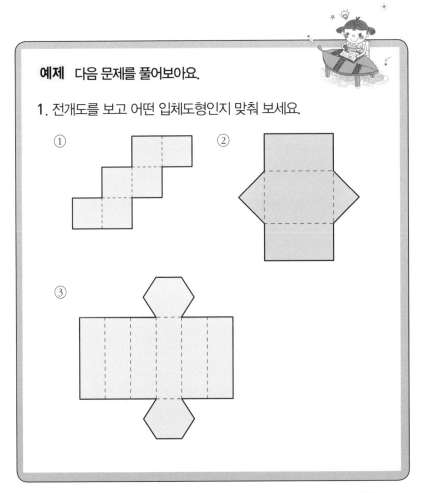

답 200쪽

원기둥과 원뿔

하은이는 나무젓가락에 직사각형 모양 종이를 붙여서 돌려보았어요. 그랬더니 둥근기둥 모양이 나왔어요.

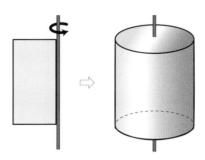

이렇게 둥근기둥 모양의 도형을 **원기둥**이라고 해요. 서로 평행하고 합동인 윗면과 아랫면을 **밑면**이라고 하고 둥글게 옆을 둘러싼 면을 **옆면**, 두 밑면에 수직인 선분의 길이를 **높이**라고 해요.

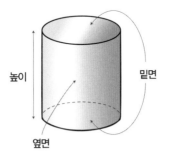

원기둥을 잘라서 펼친 뒤, 원기둥의 전개도를 살펴보면 직사각형과 원 2개가 나와요.

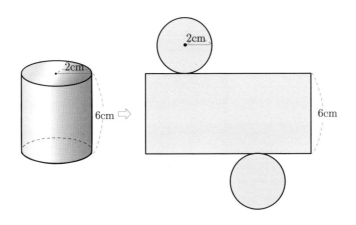

원기둥 전개도의 각 부분의 길이를 알 수 있을까요?

밑면인 원의 반지름과 원기둥의 높이는 아는데 직사각형의 가로 길이는 주어지지 않았어요. 직사각형의 가로 길이는 밑면의 둘레의 길이와 같아요.

밑면의 둘레의 길이는 원주이므로 구할 수 있어요.

$$원주=반지름\times2\times원주율=2\times2\times3.14=12.56$$

직사각형의 가로의 길이는 12.56cm가 돼요.

원뿔

재현이는 나무젓가락에 직각삼각형 모양을 붙여서 돌려보았어요. 그랬더니 둥근 뿔 모양이 되었어요.

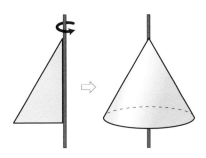

삿갓같이 둥근 뿔 모양의 도형을 **원뿔**이라고 해요. 원뿔에서 옆을 둘러싼 면을 **옆면**이라고 하고 아래 둥근 면을 **밑면**이라고 해요. 뾰족한 점을 원뿔의 **꼭짓점**이라 하고 꼭짓점과 밑면인 원의 둘레와 만나는 선분을 **모선**이라고 해요. 그리고 꼭짓점과 밑면이 수직으로 만나는 선분의 길이를 **높이**라고 해요.

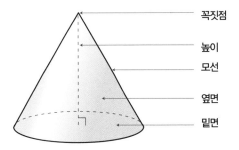

원뿔을 잘라서 펼쳐보아요. 원뿔의 전개도는 작은 원과 부채꼴 모양으로 나타나요. 모선이 부채꼴의 반지름이 되고 원주가 부채꼴의 호의 길이가 돼요.

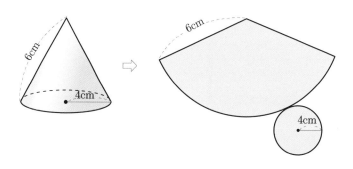

구

성주는 생일 선물로 축구공을 받았어요. 살펴보니 어디서 봐도 동그랗게 보여요 이렇게 공 같은 모양의 도형을 **구**라고 해요.

나무젓가락에 반원 모양의 종이를 붙여서 돌려보면 다음과 같은 모양이 됩니다.

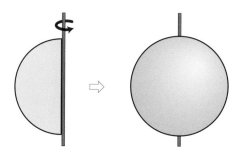

172

구의 가장 안쪽에 있는 점을 **중심**이라고 하고, 이 중심에서 구의 표면의 한 점을 잇는 선분을 **반지름**이라고 해요.

입체도형의 겉넓이와 부피

겉넓이

서현이는 직육면체 모양의 선물상자를 만들고 있어요. 그런 뒤 보라색 크레파스로 색칠을 하려고 해요. 10cm²의 면적을 칠하는 데 보라색 크레파스 1cm가 닳는다면 선물상자 전체를 색칠하는 데 보라색 크레파스를 얼마나 써야 하나요?

선물상자의 색칠해야 하는 부분은 직육면체의 겉부분의 넓이에
요. 이것을 **겉넓이**라고 해요. 겉넓이는 전개도를 그려서 그 넓이
를 구하면 돼요.

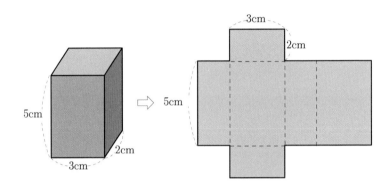

밑면은 가로 3cm, 세로 2cm인 직사각형 2개이고 옆면은 가로
가 밑면 둘레의 길이이고 세로는 5cm이므로 밑넓이 2개와 옆넓
이를 더하면 전체 겉넓이가 돼요.

각기둥의 겉넓이를 구하는 식은 다음과 같아요.

각기둥의 겉넓이＝밑넓이×2＋옆넓이

밑넓이＝가로×세로＝3cm×2cm＝6cm²

옆넓이＝밑면의 둘레×높이＝(3cm＋2cm)×2×5cm＝50cm²

상자의 겉넓이＝6cm²×2＋50cm²＝62cm²

10cm²의 면적을 칠하는 데 보라색 크레파스 1cm가 필요하므로 62cm²를 칠하려면 보라색 크레파스는 모두 6.2cm를 써야 해요.

성주는 블록으로 피라미드를 만든 뒤 금색 색종이로 겉을 붙여서 황금피라미드로 만들려고 해요. 그렇다면 금색 색종이는 얼마나 필요할까요?

피라미드는 사각뿔 모양으로 사각뿔의 겉넓이를 구하면 돼요. 전개도로 살펴보면 밑면의 넓이와 옆면 4개의 넓이를 더하면 되지요.

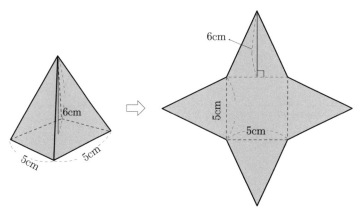

밑면은 가로와 세로가 5cm인 정사각형이고 옆면은 가로 5cm, 세로 6cm인 삼각형이 4개예요. 각뿔의 겉넓이 구하는 식은 다음과 같아요.

각뿔의 겉넓이 = 밑넓이 + 옆넓이(4×옆면의 넓이)

밑넓이=가로×세로=5cm×5cm=25cm²

옆넓이=(가로×세로÷2)×4=$(5cm×6cm×\frac{1}{2})×4=60cm^2$

피라미드의 겉넓이=25cm²+60cm²=85cm²

황금피라미드를 만들려면 금색 색종이 85cm²가 필요해요.

그리스에 놀러간 원웅이는 신전의 커다란 기둥을 보며 입을 다물 줄을 모릅니다. 크기도 크지만 기둥에는 여러 가지 그림이 새겨져 있었어요. 감탄하며 보던 원웅이는 문득 그림이 새겨진 면적이 얼마나 될까 궁금해졌어요.

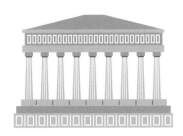

원기둥의 겉넓이는 각기둥의 겉넓이를 구하는 방법과 비슷해요. 전개도를 살펴보면 밑면인 원의 넓이와 옆면인 직사각형의 넓이를 더하면 돼요.

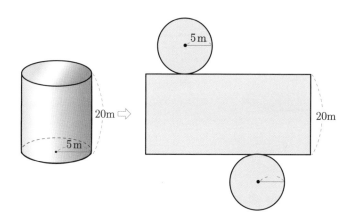

옆면의 가로 길이는 밑면인 원의 원주라는 것만 기억하면 어렵지 않아요.

원기둥의 겉넓이 구하는 식은 다음과 같아요.

원기둥의 겉넓이＝밑넓이×2＋옆넓이

밑넓이 = 반지름×반지름×원주율 = 5m×5m×3.14 = 78.5m²

옆넓이 = 지름×원주율×높이 = 2×5m×3.14×20m² = 628m²

원기둥의 겉넓이 = (78.5m²×2)+628m² = 785m²

신전 기둥에 그림이 새겨진 넓이가 785m²나 되는군요. 이는 200평이 훨씬 넘는 넓이예요.

계속해서 원뿔의 겉넓이를 알아볼까요?

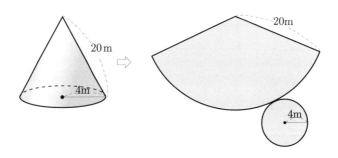

원뿔은 전개도로 펼치면 부채꼴과 원으로 돼요. 부채꼴의 넓이와 원의 넓이를 더하면 쉽게 구할 수 있어요.

원뿔의 겉넓이 구하는 식은 다음과 같아요.

원뿔의 겉넓이 = 옆넓이 + 밑넓이

$$부채꼴의 넓이 = 반지름 \times 호의 길이 \times \frac{1}{2}$$
$$= 모선의 길이 \times 밑면인 원의 원주 \times \frac{1}{2}$$
$$= 10m \times 4m \times 2 \times 3.14 \times \frac{1}{2} = 125.6m^2$$

원의 넓이 = 반지름 × 반지름 × 원주율 = 4m × 4m × 3.14 = 50.24m²

원뿔의 겉넓이 = 125.6m² + 50.24m² = 175.84m²

원뿔의 겉넓이는 175.84m²가 돼요.

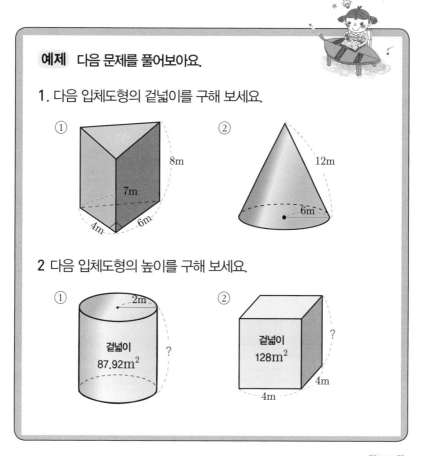

예제 다음 문제를 풀어보아요.

1. 다음 입체도형의 겉넓이를 구해 보세요.

① 8m
7m
4m 6m

② 12m
6m

2 다음 입체도형의 높이를 구해 보세요.

① 2m
겉넓이
87.92m²
?

② 겉넓이
128m²
?
4m
4m

답200쪽

부피

원준이와 윤비는 과자 상자를 만들었어요. 그리고는 누가 만든 과자 상자가 더 큰지 서로 우기기 시작했어요. 어느 상자가 더 큰지 어떻게 알 수 있을까요?

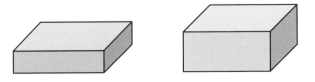

크기가 다른 두 상자 중 어느 상자가 큰지 알고 싶을 때는 같은 물건을 넣어서 어느 상자에 더 많이 들어가는지 보면 돼요. 물건이 차지하는 공간의 크기를 **부피**라고 해요. 상자의 부피를 알아보려면 기준이 되는 물건을 차곡차곡 빈틈없이 넣어요. 여기서는 단위부피로 1cm³짜리 쌓기나무를 이용해서 부피를 알아보아요.

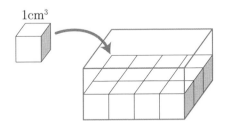

1cm³

그림처럼 1cm³짜리 쌓기나무를 빈틈없이 쌓으면 상자의 부피를 알 수 있어요.

180

원준이와 윤비가 만든 과자 상자에 쌓기나무를 넣어서 더 많이 들어간 쪽이 크다는 걸 알 수 있어요.

넓이의 기본 단위

$1cm^3$ - 한 모서리가 1cm인 정육면체의 부피

$1m^3$ - 한 모서리가 1m인 정육면체의 부피

정육면체의 부피는 가로와 세로를 곱한 후 높이를 곱해 준 만큼이 돼요. 즉 밑넓이에 높이를 곱해 준 값이 되지요. 다른 각기둥의 부피도 같은 방법으로 구해 줘요. 다음 그림의 각기둥의 부피를 구해 보아요.

가로 4m, 세로 5m, 높이 8m이므로 밑넓이와 높이를 곱해요.

각기둥의 부피를 구하는 식을 써보면 다음과 같아요.

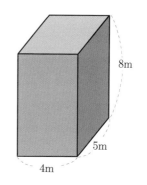

각기둥의 부피 = 밑넓이×높이

$$=4m×5m×8m=160m^3$$

이 각기둥의 부피는 $160m^3$예요.

원기둥의 부피도 구해 보아요.

원기둥은 둥글기 때문에 쌓기나무로는 부피를 알 수 없어요. 그래서 수직으로 여러 조각으로 자른 후 엇갈리게 이어 붙여요. 어떤 도형과 비슷해졌나요? 직육면체와 같아졌어요.

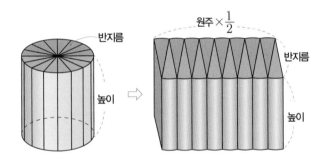

밑면의 가로는 원주의 반이고 세로는 반지름이에요. 그래서 원기둥의 부피를 구하려면 밑넓이와 높이를 곱하면 돼요.

따라서 반지름 3cm, 높이 10cm인 원기둥의 부피를 구할 수 있어요.

원기둥의 부피＝밑넓이×높이

원기둥의 부피＝반지름×반지름×원주율×높이
$$= 3cm×3cm×3.14×10cm=282.6cm^3$$

원기둥의 부피는 $282.6cm^3$예요. 원기둥의 부피를 구하는 식을 써보면 다음과 같아요.

각뿔과 원뿔의 부피는 어떻게 구할까요? 고대의 사람들도 각뿔과 원뿔의 부피가 궁금해 실험을 해봤어요. 여러분도 직접 해 볼까요? 가로, 세로, 높이가 같은 각기둥 모양 통과 각뿔을 준비해요.

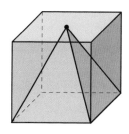

각기둥 모양 통에 물을 가득 넣고 각뿔을 집어넣으면 전체물 중 $\frac{1}{3}$이 밖으로 흘러나와요. 마찬가지로 반지름과 높이가 같은 원기둥 모양 통과 원뿔을 준비해서 원기둥 모양 통에 물을 가득 넣고 원뿔을 넣으면 전체 물의 $\frac{1}{3}$이 밖으로 흘러나와요.

이렇게 해서 각뿔은 각기둥 부피의 $\frac{1}{3}$, 원뿔은 원기둥 부피의 $\frac{1}{3}$

을 차지한다는 걸 알게 되었어요.

다음 각뿔의 부피를 구해 보아요.

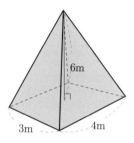

각뿔의 부피는 각뿔의 부피는 각기둥 부피의 $\frac{1}{3}$이므로 각뿔의
부피를 구하는 식을 써보면 다음과 같아요.

$$\text{각뿔의 부피} = \frac{1}{3} \times \text{밑넓이} \times \text{높이}$$

$$= \frac{1}{3} \times \text{가로} \times \text{세로} \times \text{높이}$$

$$= \frac{1}{3} \times 3\text{m} \times 4\text{m} \times 6\text{m} = 24\text{m}^3$$

이 각뿔의 부피는 24m^3에요.

다음 원뿔의 부피를 구해 보아요.

원뿔의 부피는 각뿔의 부피는 각기둥 부피의 $\frac{1}{3}$이므로 식으로 나타내면 다음과 같아요.

원뿔의 부피 $= \frac{1}{3} \times$ **밑넓이** $\times$ **높이**

$= \frac{1}{3} \times$ 반지름 $\times$ 반지름 $\times$ 원주율 $\times$ 높이

$= \frac{1}{3} \times 10\text{cm} \times 10\text{cm} \times 3.14 \times 15\text{cm} = 1570\text{cm}^3$

이 원뿔의 부피는 1570cm^3이군요.

마지막으로 구를 살펴보아요. 구는 전개도로 펼쳐보기 어렵기 때문에 아주 작은 끈 모양으로 잘라요. 마치 사과껍질을 빙빙 돌려서 깎듯이요.

길다랗게 잘린 끈으로 가운데서부터 달팽이처럼 말아서 원을 만들어요. 구를 잘라 만든 끈으로 원을 만들면 구와 반지름이 같은 원 4개가 만들어져요. 그래서 구의 겉넓이는 반지름이 같은 원 4개의 넓이와 같아요.

구의 겉넓이 $= 4 \times$ **반지름** $\times$ **반지름** $\times$ **원주율**

성은이는 구의 부피도 원기둥과 관계가 있을 거라고 생각했어요. 그래서 구와 반지름이 같고 높이가 반지름의 2배인 원기둥에 물을 가득 넣고 구를 넣어 보았어요. 그랬더니 원기둥 안의 물 중

$\frac{2}{3}$가 흘러넘쳤어요. 구의 부피는 원기둥과 어떤 관계가 있나요?

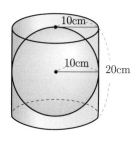

전체 물의 $\frac{2}{3}$가 흘러 넘쳤다는 건 구의 부피가 원기둥 부피의 $\frac{2}{3}$ 라는 걸 말해요. 원기둥의 부피 구하는 식을 이용하여 구의 부피를 구하는 식을 써 보면 다음과 같아요.

$$구의 부피 = \frac{2}{3} \times 반지름 \times 반지름 \times 원주율 \times 2 \times 반지름$$

$$= \frac{4}{3} \times 반지름 \times 반지름 \times 반지름 \times 원주율$$

$$= \frac{4}{3} \times 10\text{cm} \times 10\text{cm} \times 10 \times 3.14$$

$$= \frac{4}{3} \times 3140\text{cm}^3 \fallingdotseq 4186.7\text{cm}^3$$

구의 부피는 소수 첫째 자리까지 반올림하여 나타내면 4186.7cm^3 예요.

예제 다음 문제를 풀어보아요.

1. 다음 입체도형의 부피를 구하세요.

①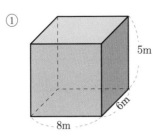

②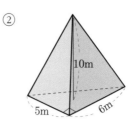

③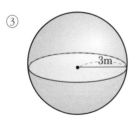

2 다음 입체도형의 높이를 구하세요.

①

②

답 200쪽

다음은 크기가 같은 나무 상자로 쌓은 모습을 위와 앞과 오른쪽 옆에서 바라본 모양이에요. 상자마다 20개의 초코바가 들어 있다면 전체 상자 안에 들어 있는 초코바는 모두 몇 개일까요?

위   앞   오른쪽 옆

답 200쪽

188

입체도형의 각 공식들

각기둥의 겉넓이 = 밑넓이×2+옆넓이

각뿔의 겉넓이 = 밑넓이 + 옆넓이(4×옆면의 넓이)

원기둥의 겉넓이=밑넓이×2+옆넓이

원뿔의 겉넓이 = 옆넓이 + 밑넓이

각기둥의 부피 = 밑넓이×높이

원기둥의 부피 = 밑넓이×높이

각뿔의 부피 = $\frac{1}{3}$×밑넓이×높이

원뿔의 부피 = $\frac{1}{3}$×밑넓이×높이

구의 겉넓이 = 4×반지름×반지름×원주율

구의 부피= $\frac{2}{3}$ ×반지름×반지름×원주율×2×반지름

Note

길이

예제

1. ① 25cm   ② 1500m   ③ 0.00085km   ④ 0.38km

2. 0.81km

시간

예제

1. ① 3분   ② 150초   ③ 120분   ④ 1.5시간

2. ① 9분 20초   ② 9분 48초

생각 문제

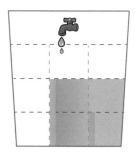

🔢 들이

예제

1. ① 2300mL   ② 1.2L
2. ① 6L 450mL   ② 1L 250mL

🔢 넓이

예제

1. ① 750cm²   ② 1.092km²

🔢 부피

예제

1. ① 60m³   ② 3000cm³   ③ 900m³

🔢 무게

예제

1. ① 9kg 300g   ② 1kg 500g   ③ 300g

🎲 비

예제

1. ① 40cm   ② 10g   ③ 70km/시

생각 문제

1.5%

🎲 비례식

예제

1. ① 12   ② 5   ③ 18   ④ 6
2. 64바퀴

🎲 비례배분

예제

1. 준규 : 12,000원   하은이: 8,000원
2. 가로 20cm, 세로 12cm

⊞ 정비례와 반비례

예제

1. 56km

2. $y = \dfrac{24}{x}$ 또는 $x \times y = 24$

⊞ 각도의 덧셈과 뺄셈

예제

1. ① $100°$　　② $30°$

생각 문제

9시 15분

⊞ 직선 사이의 관계

예제

1. ① $30°$　　② $30°$　　③ $30°$　　④ $150°$

⊞ 도형

예제

1. ①, ②, ③, ④, ⑥

2. ①, ②, ⑤

🔲 삼각형

예제

1. ① $x=65°$, $y=50°$ ② $x=40°$, $y=70°$ ③ $x=45°$, $y=135°$

생각 문제

①, ②, ④

🔲 삼각형의 닮음

예제

1. 50000cm 또는 500m

2. $x=6$, $y=4$

🔲 사각형

예제

1. ① $120°$ ② $30°$ ③ $90°$

🔲 다각형

예제

1. ① $900°$ ② $1800°$ ③ $3240°$

2. ① $360°$ ② $360°$ ③ $360°$

생각 문제

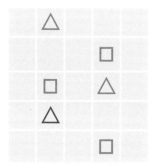

🎲 원

예제

1. 785cm

🎲 부채꼴

예제

1. ① 9.42cm   ② 12.56cm   ③ 31.4cm
2. ① 17.42m   ② 31.4m

🎲 도형의 둘레

예제

1. ① 22m   ② 20m

🔲 직사각형의 넓이

예제

1. ① 30m²　　② 60m²(600000cm²)　　③ 13.5km²(13500000m²)

🔲 정사각형의 넓이

예제

1. ① 31cm²　　② 53m²

🔲 평행사변형의 넓이

예제

① 48m²　　② 21m²

🔲 삼각형의 넓이

예제

1. 15cm²

🔲 사다리꼴의 넓이

예제

1. ① 15m²　　② 30m²

3400cm²

🎲 원의 넓이

예제

1. 914m²

🎲 부채꼴의 넓이

예제

1. 직각일 때 326.56cm²

   180도일 때 653.12cm²

반지름이 20cm인 부채꼴의 넓이에다 반지름 4cm인 부채꼴의 넓이도 같이 계산해 줘야 합니다.

🎲 직육면제

예제

1. 면 ㄱㅁㅂㄴ, 면 ㄴㅂㅅㄷ, 면 ㄷㅅㅇㄹ, 면 ㄱㅁㅇㄹ

2.

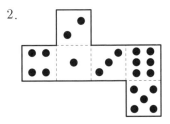

각기둥 전개도

예제

1. ① 정육면체   ② 삼각기둥   ③ 육각기둥

입체도형의 겉넓이

예제

1. ① 160m²   ② 339.12m²

1. ① 5m   ② 6m

입체도형의 부피

예제

1. ① 240m³   ② 50m³   ③ 113.04m³

2. ① 15m   ② 10m

생각 문제

180개